计算机基础与应用实践教程
(Office+Python)

主编 徐 娟 沈湘芸 沙 莉

科学出版社

北 京

内 容 简 介

本书是根据教育部高等学校大学计算机课程教学指导委员会编制的《大学计算机基础课程教学基本要求》，按照大学计算机基础教学中培养计算思维能力的思路，根据计算机应用发展的新趋势和数字化项目建设的要求编写而成。全书共 13 个单元实验，分别是计算机系统基础实验、Windows 操作系统实验、文字处理软件 Word 2010 实验、演示文稿 PowerPoint 2010 实验、电子表格软件 Excel 2010 实验、Python 语言开发环境配置实验、Python 程序基本语法元素实验、程序的控制结构实验、数据类型实验、组合数据类型实验、函数和代码复用实验、文件操作实验、科学计算及可视化实验，内容丰富、图文并茂、易教易学，注重在基本原理、基本概念、基本思路讲解的基础上，强调基本方法、基本技能的实际应用，注重培养学生的综合应用能力和自学能力。

本书可以作为普通高等院校本科生大学计算机课程的实践教材，也可以作为计算机初学者的入门读物。

图书在版编目（CIP）数据

计算机基础与应用实践教程：Office+Python/徐娟，沈湘芸，沙莉主编. —北京：科学出版社，2020.8

ISBN 978-7-03-065832-6

Ⅰ. ①计… Ⅱ. ①徐… ②沈… ③沙… Ⅲ. ①办公自动化–应用软件–高等学校–教材②软件工具–程序设计–高等学校–教材 Ⅳ. ①TP317.1②TP311.561

中国版本图书馆 CIP 数据核字（2020）第 147377 号

责任编辑：胡云志 纪四稳 / 责任校对：王晓茜
责任印制：霍 兵 / 封面设计：华路天然工作室

科 学 出 版 社 出版

北京东黄城根北街 16 号
邮政编码：100717
http://www.sciencep.com

天津文林印务有限公司 印刷

科学出版社发行 各地新华书店经销

*

2020 年 8 月第 一 版 开本：720×1000 B5
2022 年 8 月第三次印刷 印张：10 1/2
字数：212 000

定价：39.00 元
（如有印装质量问题，我社负责调换）

前　　言

随着计算机技术的发展，计算机教育进入了普及阶段，大学计算机课程成为各学校的主要基础课程，在课程内容及教学范围上都有迅速的发展。本书期望改变以往过分偏重知识传授的倾向，将素质教育目标纳入教学规划、引入课堂、引入学生头脑，充分提炼课程中的素质教育点，加入素质教育元素，充分体现应用能力与信息素养两方面并进。

在此背景下，编者根据教育部高等学校大学计算机课程教学指导委员会编制的大学计算机基础课程教学基本要求，结合计算机应用发展的新趋势和数字化项目建设的要求编写本书。

本书结合我校(云南财经大学)的财经背景和现实状况，既有操作系统与Office 2010办公软件等基础实验内容，又包括 Python 程序设计基础实验。主要包括计算机系统基础、Windows 操作系统基础与信息安全、办公软件 Office 2010、Python 程序设计等共 13 个单元的实验。

本书第 1、11 单元由廖秋筠编写，第 2 单元由沈俊媛编写，第 3、8 单元由徐娟编写，第 4、6 单元由胡丹编写，第 5 单元由沙莉编写，第 7 单元由李莉平编写，第 9 单元由匡玉兰编写，第 10 单元由李春宏编写，第 12 单元由沈湘芸编写，第 13 单元由何锋编写；全书由李春宏和徐娟策划，沈湘芸和沙莉统稿。

本书的编写得到了云南财经大学各级领导的关心和支持，在此表示深深的感谢。此外还要感谢科学出版社的各级领导和相关工作人员对本书的精心组织与编辑。

限于编者水平，书中难免存在不足之处，恳请读者批评指正。

编　者
2019 年 3 月

目　录

第 1 单元 计算机系统基础实验

实验 认识计算机系统

1. 实验目的

(1) 掌握查看计算机配置信息的方法，进一步了解计算机系统。
(2) 掌握对计算机设备进行管理的方法。

2. 实验内容

(1) 使用"计算机"→"属性"查看有关计算机的基本信息。
(2) 使用"计算机"→"管理"→"设备管理器"查看计算机的硬件型号及参数。
(3) 使用 DirectX 诊断工具进行相关测试。
(4) 使用 AIDA64 工具软件测试计算机软、硬件的详细信息。

3. 实验步骤及操作指导

计算机软、硬件的配置信息可以通过多种方法查看，下面介绍几种常见的方法。
1) 使用"计算机"→"属性"查看
右键单击"计算机"图标，在打开的菜单中选择"属性"，则打开"系统"窗口，如图 1.1 所示，在此窗口可以查看当前操作系统的版本、处理器型号和内存容量等。

图 1.1 "系统"窗口

2) 使用"计算机"→"管理"→"设备管理器"查看

右键单击"计算机"图标,选择"管理",在打开的窗口的左侧目录中单击"设备管理器",右侧会显示计算机上所安装硬件的图形视图,如图1.2所示。可以使用"设备管理器"查看和更改设备属性、更新设备驱动程序、停用或卸载设备。

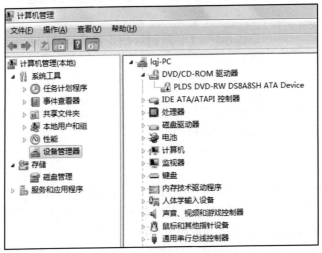

图1.2　"设备管理器"窗口

若某个设备前显示了感叹号(图1.3),则表示该硬件未安装驱动程序或驱动程序安装不正确;若某个设备前显示了问号(图1.4),则表示该硬件未能被操作系统识别。解决方法是:右键单击该硬件设备,选择"卸载"命令,然后重启系统,Windows操作系统大多数情况下会自动识别硬件并自动安装驱动程序。但是,某些情况下可能需要插入驱动程序盘,要按照提示进行操作。

图1.3　设备前显示感叹号

图 1.4　设备前显示问号

若某个设备前显示了向下的箭头(Windows XP 系统下为红叉)，则说明该设备已被禁用，若需开启，则右键单击设备名称，选择"启用"即可，如图 1.5 所示。

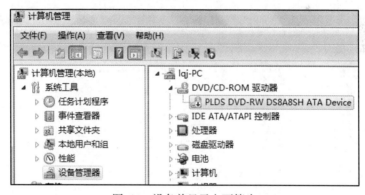

图 1.5　设备前显示向下箭头

3) 使用 DirectX 诊断工具查看

在键盘上按下 Win+R 组合键打开"运行"对话框，输入"dxdiag"，按回车键即可打开 Windows 自带的 DirectX 诊断工具，如图 1.6 所示。DirectX 诊断工具不仅可以访问与游戏或其他多媒体软件直接相关的硬件，还能对其中出现的关于显示、声音不正常等问题进行诊断，从而增强计算机三维图形处理能力和声音处理能力。

4) 使用 AIDA64 工具软件查看

AIDA64(EVEREST 的继任者)是一款用于测试软、硬件详细信息的工具，具备较好的兼容性。请在下载的第 1 单元实验素材中找到并打开 AIDA64 所在的目录，双击"AIDA64.exe"启动软件。待软件完全启动后，就会将检测到的信息显示出来。通过在界面左侧的树形目录中单击选择，即可快速得到所使用的计算机的硬件设备和软件的信息的具体参数，例如，单击"主板/中央处理器(CPU)"，右侧会显示出本机 CPU 的各项参数，如图 1.7 所示。

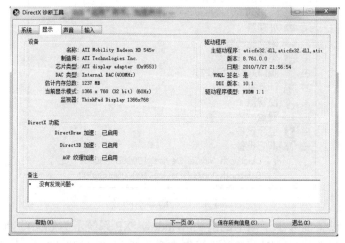

图 1.6　"DirectX 诊断工具"对话框

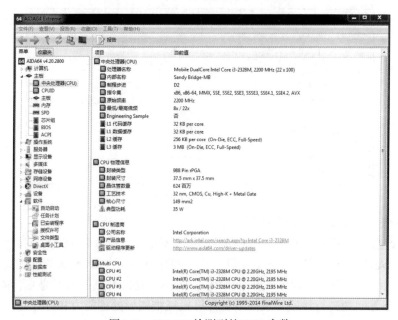

图 1.7　AIDA64 检测到的 CPU 参数

4. 练习

查看当前计算机的配置，并完成以下信息的记录。

(1) CPU 的名称为_____，核心个数为_____，线程数为_____，原始频率为_____，最低/最高倍频为_____，缓存级数为_____。

(2) 计算机的主板名称为_____，内存总线类型为_____，位宽为_____，带宽为_____。

(3) 物理内存的总数为_____，物理内存使用率为_____，交换空间的总数为_____，虚拟内存总数为_____，本机处理器_____(能/不能)支持物理地址扩展(PAE)。

(4) 硬盘的格式化容量为_____，盘片转速为_____，接口类型为_____，硬盘分区类型为_____。

(5) 计算机使用的操作系统名称为_____，安装的 Office 软件的版本为_____。

第 2 单元　Windows 操作系统实验

实验 1　Windows 7 基本操作

1. 实验目的

(1) 掌握任务栏和桌面的基本操作方法。

(2) 掌握文件及文件夹的基本操作方法。

(3) 掌握回收站的基本操作方法。

2. 实验内容

(1) 将桌面上的图标按"修改日期"进行排列。

(2) 设置系统时间为当前北京时间。

(3) 设置自动隐藏任务栏和设置从不合并任务栏按钮。

(4) 设置搜狗拼音输入法为默认输入法。

(5) 设置屏幕保护程序为"彩带",等待时间为 5 分钟。

(6) 运行"Microsoft Word"文档,保存在 D 盘上,命名为"JSJ.docx",并设置为"隐藏",再取消"隐藏"。

(7) 设置"文件夹选项"内容。

(8) 用 Print Screen 键把"桌面"背景粘贴到文件"JSJ.docx"中,用 Alt + Print Screen 组合键把"文件夹选项"对话框粘贴到文件"JSJ.docx"中。

(9) 在 D 盘新建一个文件夹,命名为"计算机";在"计算机"文件夹中新建一个名为"DJ"的文件夹;在"DJ"文件夹中新建一个名为"DJ2014"的文件夹。

(10) 将"D:\计算机\DJ"文件夹下的文件夹"DJ2014"删除,在回收站中查看刚刚被删除的文件夹"DJ2014",再将文件夹"DJ2014"恢复。

(11) 用 Shift+Delete 组合键将"D:\计算机\DJ"文件夹下的文件夹"DJ2014"删除,并查看回收站是否有该文件夹。

(12) 将"D:\计算机\DJ"文件夹下的文件夹"DJ2014"压缩,再解压。

(13) 搜索 C 盘上所有扩展名为"txt"的文件。

(14) 查找 C 盘上所有文件名中第三个字符为 A、扩展名为"bmp"的文件。

(15) 在桌面上创建附件中的"录音机"工具的快捷方式。

3．实验步骤及操作指导

1）将桌面上的图标按"修改日期"进行排列

在桌面的空白处单击鼠标右键，选择"排序方式"→"修改日期"。

2）设置系统时间为当前北京时间

（1）在任务栏的右侧单击时间按钮，单击"更改日期和时间设置"或在"控制面板"中单击"时钟、语言和区域"图标，再单击"日期和时间"，打开"日期和时间"对话框，如图 2.1 所示。

（2）单击"更改日期和时间"按钮，打开"日期和时间设置"对话框，如图 2.2 所示。

图 2.1　"日期和时间"对话框

图 2.2　"日期和时间设置"对话框

（3）在"日期"选项中，选择正确的年、月、日。

（4）在"时间"选项中，利用显示时间的文本框后面的上、下三角按钮，选择准确的时间。

（5）在"日期和时间"对话框中单击"更改时区"按钮，打开"时区设置"对话框，如图 2.3 所示，利用"时区"后面的下拉列表选择"(UTC+08:00)北京，重庆，香港特别行政区，乌鲁木齐"时区。

（6）单击"确定"按钮完成设置。

3）设置自动隐藏任务栏和设置从不合并任务栏按钮

（1）在任务栏的空白处单击右键，在弹出的快捷菜单中单击"属性"，打开"任务栏和「开始」菜单属性"对话框，如图 2.4 所示。

（2）单击"任务栏"选项卡，在"任务栏外观"栏中，选中"自动隐藏任务栏"，并在"任务栏按钮"后面的下拉列表选择"从不合并"。

(3) 单击"确定"按钮完成设置。

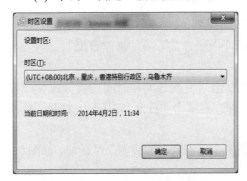

图 2.3　"时区设置"对话框　　　　图 2.4　"任务栏和「开始」菜单属性"对话框

4) 设置搜狗拼音输入法为默认输入法

(1) 在任务栏中右键单击输入法按钮，在弹出的快捷菜单中单击"设置"，打开"文本服务和输入语言"对话框，如图 2.5 所示。

图 2.5　"文本服务和输入语言"对话框

(2) 选择"常规"选项卡，在"默认输入语言"栏下，选择"搜狗拼音输入法"，单击"确定"按钮完成设置。

5) 设置屏幕保护程序为"彩带"，等待时间为 5 分钟

(1) 右键单击桌面空白处，在弹出的快捷菜单中单击"个性化"，打开如图 2.6 所示窗口。

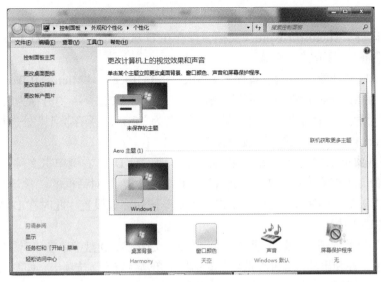

图 2.6　"个性化"窗口

(2) 单击"屏幕保护程序",打开"屏幕保护程序设置"对话框,在"屏幕保护程序"下拉列表中选择"彩带",在"等待"处设置 5 分钟,如图 2.7 所示。

图 2.7　"屏幕保护程序设置"对话框

(3) 单击"确定"按钮完成设置。

6) 运行"Microsoft Word"文档，保存在 D 盘上，命名为"JSJ.docx"，并设置为"隐藏"，再取消"隐藏"

(1) 单击"开始"→"所有程序"→"Microsoft Office"→"Microsoft Word 2010"。

(2) 在 Microsoft Word 应用程序窗口中，选择"文件"→"另存为"，在"另存为"对话框中选择本地磁盘 D，输入文件名为"JSJ"，"保存类型"处选择"Word 文档(*.docx)"，单击"保存"按钮保存。

(3) 在桌面双击"计算机"，再双击"本地磁盘 D"，右键单击文件"JSJ"图标，在弹出的快捷菜单中单击"属性"，在"JSJ 属性"对话框的"常规"选项卡下勾选"隐藏"前面的复选框，单击"确定"按钮完成设置，此时在 D 盘中将看不到"JSJ"图标。

(4) 如果要取消"隐藏"，重新找回"JSJ"文件，在 D 盘中单击"工具"→"文件夹选项"，在弹出的"文件夹选项"对话框中单击"查看"选项卡，如图 2.8 所示。

(5) 在"高级设置"栏中找到"隐藏文件和文件夹"，选中"显示隐藏的文件、文件夹和驱动器"前的单选按钮，单击"确定"按钮完成设置，此时在 D 盘中将会看到"JSJ"图标。

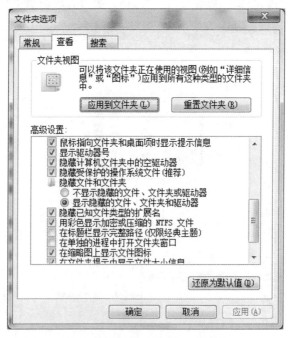

图 2.8   "文件夹选项"对话框

7) 设置"文件夹选项"内容

(1) 在"计算机"窗口中单击"工具"→"文件夹选项"命令；或在"计算

机"窗口中单击"组织"下拉菜单中的"文件夹和搜索选项",打开"文件夹选项"对话框。

(2) 选择"查看"选项卡,在"高级设置"栏中选中"不显示隐藏的文件、文件夹或驱动器"单选按钮。

(3) 单击"确定"按钮可隐藏文件或文件夹。

8) 用 Print Screen 键把"桌面"背景粘贴到文件"JSJ.docx"中,用 Alt + Print Screen 组合键把"文件夹选项"对话框粘贴到文件"JSJ.docx"中

(1) 把正在运行的程序最小化,看到桌面背景,按下 Print Screen 键完成复制操作,此时桌面背景被复制到剪贴板中,打开"JSJ.docx"文档,选择"文件"→"粘贴"命令完成操作。

(2) 在显示"文件夹选项"对话框的桌面空白处,同时按下 Alt + Print Screen 组合键,此时"文件夹选项"对话框被复制到剪贴板中,打开"JSJ.docx"文档,选择"文件"→"粘贴"命令即可完成操作。

9) 在 D 盘新建一个文件夹,命名为"计算机";在"计算机"文件夹中新建一个名为"DJ"的文件夹;在"DJ"文件夹中新建一个名为"DJ2014"的文件夹

(1) 双击桌面"计算机"图标,双击"本地磁盘 D",在"本地磁盘 D"窗口中,选择"文件"→"新建"→"文件夹"(也可右键单击空白处,在快捷菜单中选择"新建"→"文件夹"),选中"新文件夹"单击右键,在快捷菜单中选择"重命名",输入"计算机"。

(2) 双击"计算机"文件夹,用(1)所述方法新建一个文件夹,重命名为"DJ"。

(3) 双击"DJ"文件夹,用(1)所述方法新建一个文件夹,重命名为"DJ2014"。

10) 将"D:\计算机\DJ"文件夹下的文件夹"DJ2014"删除,在回收站中查看刚刚被删除的文件夹"DJ2014",再将文件夹"DJ2014"恢复

(1) 在 D 盘中,打开"计算机"文件夹,再打开"DJ"文件夹,单击选中文件夹"DJ2014",按下 Delete 键,在弹出的"删除文件夹"对话框中单击"是"按钮则把文件夹"DJ2014"删除。

(2) 双击桌面上"回收站"图标,在打开的"回收站"窗口中右键单击文件夹"DJ2014",选择"还原"命令,文件夹"DJ2014"被还原到原来位置。

11) 用 Shift + Delete 组合键将"D:\计算机\DJ"文件夹下的文件夹"DJ2014"删除,并查看回收站是否有该文件夹

(1) 在 D 盘中,打开"计算机"文件夹,再打开"DJ"文件夹,单击选中文件夹"DJ2014",按下 Shift + Delete 组合键,则把文件夹"DJ2014"删除。

(2) 双击桌面上"回收站"图标,在打开的"回收站"窗口,找不到文件夹"DJ2014",说明用 Shift + Delete 组合键删除文件夹是不放入回收站的,也就无法恢复。

12) 将"D:\计算机\DJ"文件夹下的文件夹"DJ2014"压缩，再解压

(1) 右键单击"DJ2014"文件夹图标，在弹出的快捷菜单中选择"添加到"DJ2014.rar""，则生成了一个名为"DJ2014.rar"的压缩文件。

(2) 先把"DJ2014"文件夹删除，右键单击"DJ2014.rar"的压缩文件图标，在弹出的快捷菜单中选择"解压到当前文件"，则生成一个名为"DJ2014"的文件夹。

13) 搜索 C 盘所有扩展名为"txt"的文件

双击"计算机"图标，打开"计算机"窗口，双击打开 C 盘，在"搜索本地磁盘(C:)"文本框中输入"*.txt"，搜索结果如图 2.9 所示。

14) 查找 C 盘上所有文件名中第三个字符为 A、扩展名为"bmp"的文件

双击"计算机"图标，打开"计算机"窗口，双击打开 C 盘，在"搜索本地磁盘(C:)"处输入"？？A*.bmp"进行搜索。

15) 在桌面上创建附件中的"录音机"工具的快捷方式

单击"开始"→"所有程序"→"附件"→"录音机"，当光标指向"录音机"时，鼠标单击"录音机"不放，并将其拖到桌面上，则在桌面上产生一个"录音机"的快捷方式。

图 2.9　"*.txt"搜索结果

实验 2　Windows 7 高级操作

1. 实验目的

(1) 掌握 U 盘加密/解密的基本操作方法。

(2) 掌握"Windows 任务管理器"的基本使用方法。

(3) 掌握"Windows 资源管理器"和系统属性的基本操作方法。

(4) 掌握用户账户的创建方法。

(5) 掌握硬件的添加与管理方法。

(6) 掌握防火墙的设置方法。

2. 实验内容

(1) 用 BitLocker 驱动器给 U 盘加密/解密。

(2) 在"Windows 任务管理器"中查看并记录进程数、线程数、CPU/内存使用情况。

(3) 使用"Windows 任务管理器"结束进程、关闭/启动服务，并查看用户的使用状态。

(4) 使用"Windows 资源管理器"查看文件夹的路径，并记录下来。

(5) 创建一个新用户名为 Name，并授予其计算机管理员权限。

(6) 安装本地打印机。

(7) 启动或取消防火墙。

3. 实验步骤及操作指导

1) 用 BitLocker 驱动器给 U 盘加密/解密

(1) 将 U 盘插入计算机后依次单击"开始"→"控制面板"→"系统和安全"→"BitLocker 驱动器加密"，打开"BitLocker 驱动器加密"窗口，如图 2.10 所示。

图 2.10　"BitLocker 驱动器加密"窗口

(2) 单击所需加密 U 盘右侧的"启动 BitLocker"按钮，打开"选择希望解锁此驱动器的方式"选项，勾选"使用密码解锁驱动器"，在文本框中输入密码，并再次输入密码确定，如图 2.11 所示。

(3) 单击"下一步"按钮，打开"您希望如何存储恢复密钥？"选项，如图 2.12 所示。

(4) 选择"将恢复密钥保存到文件"选项，单击"下一步"按钮，打开"将 BitLocker 恢复密钥另存为"窗口，选择实际需要进行保存的路径，如图 2.13 所示。

(5) 单击"保存"按钮，打开"是否准备加密该驱动器？"选项，如图 2.14
所示。

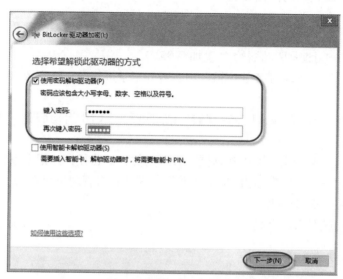

图 2.11　"选择希望解锁此驱动器的方式"选项

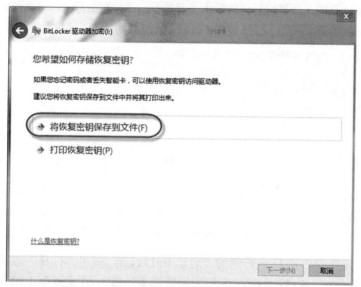

图 2.12　"您希望如何存储恢复密钥？"选项

图 2.13　"将 BitLocker 恢复密钥另存为"窗口

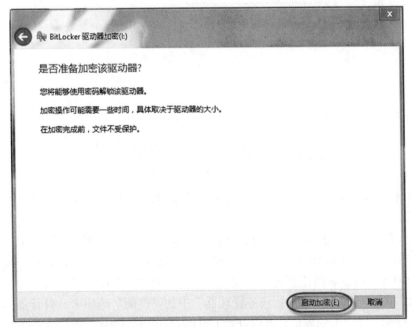

图 2.14　"是否准备加密该驱动器？"选项

（6）单击"启动加密"按钮，打开"**BitLocker 驱动器加密**"对话框，如图 2.15
所示。

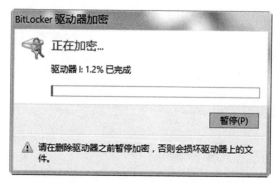

图 2.15　"BitLocker 驱动器加密"对话框

(7) 重新插入 U 盘，打开 U 盘时提示输入密码，在文本框中输入密码即可进行解锁进入 U 盘，如图 2.16 所示。

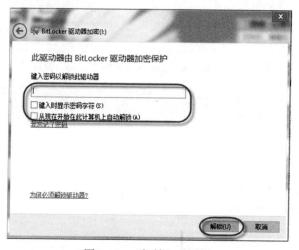

图 2.16　"解锁"对话框

2) 在"Windows 任务管理器"中查看并记录进程数、线程数、CPU/内存使用情况

(1) 右键单击任务栏的空白处，选择快捷菜单中的"启动任务管理器"命令，或按 Ctrl+Alt+Delete 组合键，打开"Windows 任务管理器"，单击选择"应用程序"选项卡，可以看到正在运行的应用程序及其状态，如图 2.17 所示。

(2) 单击选择"Windows 任务管理器"中的"性能"选项卡，打开如图 2.18 所示"性能"选项卡的窗口，可以查看 CPU/内存的使用情况、页面文件的使用记录、句柄数、线程数和进程数等。

3) 使用"Windows 任务管理器"结束进程、关闭/启动服务，并查看用户的使用状态

(1) 单击选择"Windows 任务管理器"中的"进程"选项卡，打开如图 2.19

所示"进程"选项卡的窗口，可以查看到正在运行的进程的详细信息及进程数、CPU 使用率和物理内存等信息。

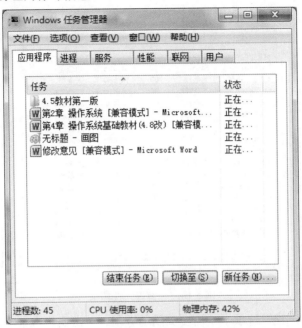

图 2.17　"Windows 任务管理器"窗口

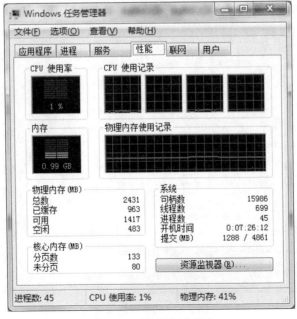

图 2.18　"性能"选项卡

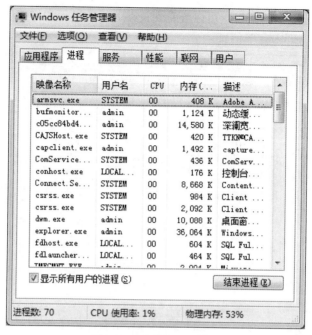

图 2.19 "进程"选项卡

(2) 选中"进程"选项卡中需要关闭的进程，单击窗口右下方的"结束进程"按钮，或右键单击需要关闭的进程，弹出快捷菜单如图 2.20 所示，选择"结束进程"命令结束进程。

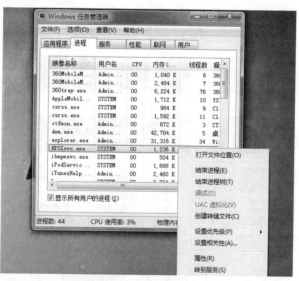

图 2.20 进程快捷菜单

(3) 单击选择"Windows 任务管理器"窗口中的"服务"选项卡，打开如图 2.21

所示"服务"选项卡的窗口，可以关闭/启动服务。

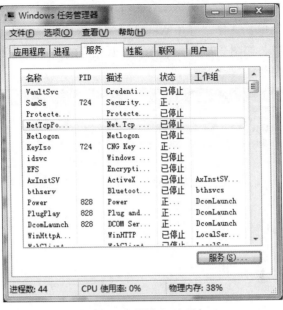

图 2.21　"服务"选项卡

(4) 单击选择"Windows 任务管理器"窗口中的"用户"选项卡，打开如图 2.22 所示"用户"选项卡的窗口，可以查看用户的使用状态。

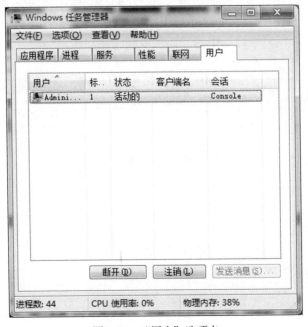

图 2.22　"用户"选项卡

4) 使用"Windows 资源管理器"查看文件夹的路径，并记录下来

单击"开始"→"所有程序"→"附件"→"Windows 资源管理器"，或右键单击"开始"菜单，选择"打开 Windows 资源管理器"命令，打开"Windows 资源管理器"窗口，如图 2.23 所示，逐一打开相应的文件夹，便可在地址栏中看到对应文件夹的路径。

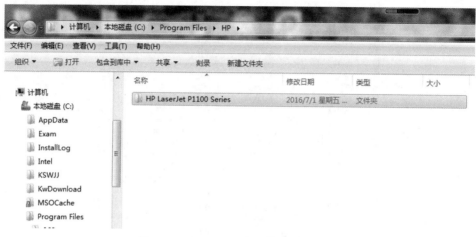

图 2.23　"Windows 资源管理器"窗口

5) 创建一个新用户名为 Name，并授予其计算机管理员权限

(1) 单击"开始"→"控制面板"，在控制面板窗口中单击"用户帐户和家庭安全"(应为账户，但 Windows 7 系统下便是如此，所以截图不对"帐户"做更改，下同)，再单击"用户帐户"中的"添加或删除用户帐户"命令，打开如图 2.24 所示窗口。

图 2.24　"管理帐户"窗口

(2) 单击"创建一个新帐户",在打开的窗口中输入"Name",并选中"管理员"前面的单选按钮,如图 2.25 所示。

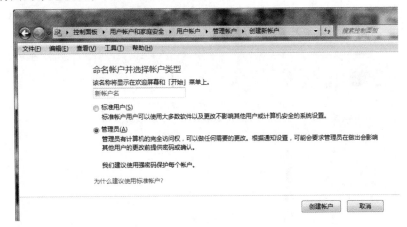

图 2.25　"创建新帐户"窗口

(3) 单击"创建帐户"按钮完成操作。

6) 安装本地打印机

(1) 单击"开始"→"控制面板"→"硬件和声音"→"添加打印机"→"添加本地打印机",打开"添加打印机"对话框,如图 2.26 所示。

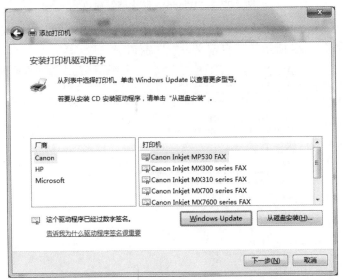

图 2.26　"添加打印机"对话框

(2) 在"添加打印机"对话框中选择相应的打印机厂商及型号,单击"下一步"按钮进行打印机驱动程序的安装。

7) 启动或取消防火墙

(1) 单击"开始"→"控制面板",在控制面板窗口中单击"系统和安全",打开"系统和安全"对话框,再单击"Windows 防火墙",打开"Windows 防火墙"窗口,如图 2.27 所示。

图 2.27　"Windows 防火墙"窗口

(2) 在"Windows 防火墙"窗口的左边单击选中"打开或关闭 Windows 防火墙",打开如图 2.28 所示的"自定义设置"窗口。

图 2.28　"自定义设置"窗口

(3) 在"自定义设置"窗口中选中"启动 Windows 防火墙"前的单选按钮，单击"确定"按钮启动 Windows 防火墙。

(4) 若需关闭 Windows 防火墙，则在"自定义设置"窗口中选中"关闭 Windows 防火墙"前的单选按钮，单击"确定"按钮关闭 Windows 防火墙。

习　　题

一、选择题

1. 计算机的操作系统是一种：

A. 应用软件

B. 系统软件

C. 工具软件

D. 字表处理软件

2. 操作系统的作用是：

A. 把源程序译为目标程序

B. 便于进行目标管理

C. 控制和管理系统资源的使用

D. 实现软硬件的转换

3. 系统出现死锁的原因：

A. 计算机系统发生了重大故障

B. 有多个等待的进程存在

C. 若干进程因竞争资源而无休止地等待着其他进程释放占用的资源

D. 进程同时申请的资源数大大超过资源总数

4. 以下有关操作系统的叙述中，哪一个是不正确的？

A. 操作系统管理系统中的各种资源

B. 操作系统为用户提供良好的界面

C. 操作系统就是资源的管理者和仲裁者

D. 操作系统是计算机系统中的一个应用软件

5. 在计算机系统中，允许多个程序同时进入内存并运行，这种方法称为：

A. Spooling 技术

B. 虚拟存储技术

C. 缓冲技术

D. 多道程序设计技术

6. 操作系统具有进程管理、存储管理、文件管理和设备管理的功能，下列有关描述中，哪一项是不正确的？

A. 进程管理主要是对程序进行管理

B. 存储管理主要管理内存资源

C. 文件管理可以有效地支持对文件的操作，解决文件共享、保密和保护问题

D. 设备管理是指计算机系统中除了 CPU 和内存以外的所有输入输出设备的管理

7. 引入多道程序设计的目的是：

A. 增强系统的用户友好性　　　　　B. 提高系统实用性

C. 充分利用 CPU　　　　　　　　　D. 扩充内存容量

8. 下列哪一个不是操作系统的主要特征？

A. 并发性　　　　B. 共享性　　　　C. 灵活性　　　　D. 随机性

9. 下列特性中，哪一个不是进程的特性：

A. 交互性　　　　B. 异步性　　　　C. 并发性　　　　D. 静态性

10. 下列关于操作系统的叙述中，哪一个是正确的：

A. 批处理系统不需要作业控制说明书

B. 批处理系统需要作业控制说明书

C. 分时系统需要作业控制说明书

D. 实时系统需要作业控制说明书

11. 下面关于存储管理的叙述中正确的是：

A. 存储保护的目的是限制内存分配

B. 在内存为 M，有 N 个用户的分时系统中，每个用户占有 M/N 的内存空间

C. 在虚拟系统中，只要磁盘空间无限大，程序就能拥有任意大的编址空间

D. 实现虚拟内存管理必须要有相应硬件的支持

12. 内存的地址空间常称为：

A. 逻辑地址空间　　　　　　　　　B. 程序地址空间

C. 物理地址空间　　　　　　　　　D. 相对地址空间

二、填空题

1. 使用"Windows 任务管理器"查询系统当前的如下信息：

CPU 的使用率是_____，物理内存使用率是_____，线程数是_____，进程数是_____。

2. 使用"Windows 资源管理器"查看如下信息：

Microsoft Office 文件夹的路径是_____，修改日期是_____，图片的类型是_____，图片的大小是_____。

3. 使用"控制面板"查看如下信息：

Windows 的版本是_____，安装内存是_____，系统内存是_____，计算机全名是_____，系统类型是_____。

4. 使用"设备管理器"查看如下信息：

DVD/CD-ROM 驱动器的型号是_____，键盘的型号是_____，网络适配器的型号是_____，显示适配器的型号是_____。

5. 使用"磁盘管理"查看如下信息：

当前系统主分区的盘符分别是_____,当前系统主分区的文件类型分别是_____，当前系统主分区的容量分别是_____，当前系统扩展分区的盘符分别是_____，当前系统扩展分区的文件类型分别是_____，当前系统扩展分区的容量分别是_____。

第 3 单元　文字处理软件 Word 2010 实验

实验 1　论 文 排 版

1. 实验目的

(1) 了解启动和退出 Word 窗口的操作方法。

(2) 掌握 Word 文档的建立、打开、保存。

(3) 掌握文本的编辑、文字查找及替换。

(4) 掌握文档的字符排版、段落排版和页面排版。

(5) 掌握表格的处理方法。

(6) 掌握图文混排的操作方法。

(7) 掌握绘制图形的方法。

(8) 掌握样式的应用。

(9) 掌握多级编号的应用。

(10) 掌握题注、脚注与尾注的应用。

(11) 了解目录和索引的使用。

(12) 掌握大纲视图的应用。

2. 实验内容

(1) 启动和退出 Word。

(2) 文档的创建、打开、编辑、保存及文字的查找、替换。

① 输入一段文本(内容见参考样文，在本节末)。

② 在第二段前面一行插入一段作为摘要段，内容为："摘　要：全球经济前景出现弱化并存在着不确定性，中国经济仍会保持强劲增长，东亚新兴经济体增速提高。在庆祝复苏的同时，新的挑战也在出现。"

③ 继续插入一段作为关键字段，内容为："关键字：中国经济，宏观经济，东亚经济"。

④ 将样文第三段("中国经济指标预测")和第四段("世界银行发布…")的位置互换。

⑤ 将第四段("中国经济指标预测")、第五段("中国经济运行…")中的"经

济"替换为"宏观经济"。

⑥ 将文件名为"中国经济与东亚经济.docx"的文档保存到当前文件夹中，关闭当前文档"中国经济与东亚经济.docx"。

(3) 文档的字符排版、段落排版和页面排版。

① 打开文件"中国经济与东亚经济.docx"。

② 标题"中国经济与东亚经济"字体为黑体，三号，加粗，居中对齐；"摘　要"格式为黑体，五号，加粗；"关键字"格式为黑体，五号，加粗；"中国经济，宏观经济，东亚经济"格式为宋体，五号。

③ 正文为宋体小四号字；将正文第一段添加"文字效果"，效果为"渐变填充，橙色"。

④ 正文每段首行缩进 2 字符，行间距为单倍行距，段间距为 1 行。

⑤ 为正文第二段设置首字下沉两行、距正文 0.1 厘米。将正文第三段文字底纹改为黄色。

⑥ 将正文倒数第二段分两栏显示，栏宽相等，整篇文档的页边框为艺术型 ——红苹果。

⑦ 设置页眉、页脚。将文档的奇数页页眉设置为"中国宏观经济论文"，黑体，三号，右对齐；奇数页页脚设置为"页码"格式，四号，右对齐。偶数页页眉设置为"宏观经济导读"，黑体，三号，左对齐；偶数页页脚设置为"页码"格式，四号，左对齐。

(4) 在正文最后一段插入表格，如图 3.1 所示。

时间 名称	2015 年	2016 年	2017 年	平均
东亚	7.6	8.1	7.3	7.7
东亚发展中国家	9.0	9.5	8.7	9.1
印尼	5.7	5.5	6.3	5.8
泰国	4.5	5.0	4.3	4.6
中国	10.2	10.7	9.6	10.2
越南	8.5	8.2	8.0	8.2
韩国	4.0	5.0	4.4	4.5
日本	2.6	2.2	2.3	2.4

图 3.1　东亚经济分析表

(5) 在正文第十三段("投资仍将保持较快增长…")后插入图表"2013 年以来季度固定资产投资走势图"，如图 3.2 所示。

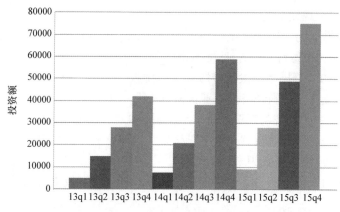

图 3.2　2013 年以来季度固定资产投资走势图

(6) 在正文第八段("在固定资产投资…")后插入自选图形,如图 3.3 所示。

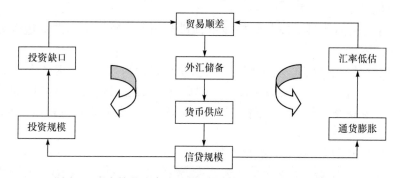

图 3.3　国内储蓄剩余和升值人民币汇率的均衡化调整机制

(7) 设置一级标题样式宋体、四号、加粗,二级标题样式宋体、小四、加粗,三级标题样式宋体、小四、加粗,正文样式为宋体、小四。

(8) 设置一级标题编号样式"1",二级标题编号样式"1.1",三级标题编号样式"1.1.1"。

(9) 使用"题注"的方法添加图片、表格、公式编号。

(10) 使用"尾注"的方法标注注释说明。

(11) 插入节,生成目录和索引。

(12) 在大纲视图下调整大纲结构。

(13) 论文首页添加封面页,目录单独起页,摘要和关键字单独起页,正文单独起页,参考文献单独起页。

(14) 添加页眉,除封面和正文之外,其他各页添加页眉,位置居中,文字为本页一级标题。

参考样文：

中国经济与东亚经济

中国经济

中国经济指标预测

世界银行发布的最新《中国经济季报》认为全球经济前景出现弱化并存在着不确定性，但结论是中国经济仍会保持强劲增长，并且有条件在必要时刺激需求。

中国经济运行呈现高经济增长与低通货膨胀的良好配合格局，投资需求、消费需求与净出口需求平衡增长，重要原材料、能源、交通运输的瓶颈制约得到有效缓解。

经济增长潜力与经济波动形态

对于中国经济体系，二元结构提供近似无穷的剩余劳动力，资本边际收益在短期内是非递减的，中国经济增长因而具有类似 AK 模型的结构性质。

短期调整过程的均衡化机制

在固定资产投资、银行体系流动性与国际贸易顺差的链式作用过程中，凯恩斯主义分析方法认为存在如图所示的缩小国内储蓄剩余和升值人民币汇率的均衡化调整机制。

宏观经济预测分析

中国经济发展的外部环境依然良好，从国内条件看，新一轮经济增长的基础比较扎实。受基数等因素的影响外贸出口对经济增长的贡献率将会下降；国内面临着部分行业产能过剩、投资反弹潜在压力、国际收支不平衡矛盾突出等方面的问题。

宏观经济发展态势良好

首先，我国经济发展的外部环境依然较好。其次，经济增长的国内基础比较扎实。此外，从三大需求来看，内需保持稳定，外需增速趋缓。

投资仍将保持较快增长存在快速反弹的可能。

东亚经济

东亚经济增速提高。这是过去 10 年来最强劲的经济扩张速度，也是 1998 年爆发亚洲金融危机以来一个十分合适的十周年纪念。东亚地区在应对和战胜危机恢复稳步增长方面取得的成就令人注目，东亚地区的产值比危机前翻了一番，中国崛起和跻身全球经济大国之列，贫困率降低一半，外汇储备积累超过 2 万亿美元。

但是，东亚地区在庆祝复苏的同时，新的挑战也在出现，如果不妥善应对，就有可能延缓甚至颠覆增长。

参 考 文 献

[1] 周经,刘厚俊. 世界文化创意产品的比较优势与产业内贸易研究[J]. 科技与经济,2012(6): 16-20.

[2] 曲国明. 中美创意产业国际竞争力比较[J]. 国际贸易问题，2012(3)：79-89.

[3] 王巍. 中日韩三国文化产业竞争力研究[D]. 南京：南京农业大学，2008：51-53.

[4] 高长春, 李智睿, 严霜天. 日本创意产业国际贸易竞争力分析[J]. 现代日本经济，2012(3)：53-59.

[5] Dixit A K，Grossman G M. Trade and protection with multistage production[J]. The Review of Economic Studies，1982(49)：583-594.

3. 实验步骤及操作指导

1) 启动和退出 Word

(1) 启动 Word。

方法一：利用开始菜单(通常使用的方法)，可以以最直接的方式打开 Word 2010 的应用程序窗口。依次选择"开始"→"所有程序"→"Microsoft Office"→"Microsoft Word 2010"，如图 3.4 所示。

图 3.4　启动 Word 2010 应用程序

方法二：在"计算机"或"Windows 资源管理器"中找到要编辑的 Word 文档(文档扩展名为"docx")，直接双击打开文档。系统启动 Word 2010 的应用程序，并在编辑窗口显示文档内容。

(2) 退出 Word。

文档编辑结束后，要退出 Word 2010 的应用程序窗口，可选择不同的方法。

方法一：单击"文件"→"退出"。

方法二：双击标题栏最左端的控制按钮⊞。

方法三：单击标题栏最左端的控制按钮⊞，弹出控制菜单，选择关闭。

方法四：单击标题栏最右端的关闭按钮✕。

方法五：使用 Alt+F4 组合键，可直接关闭当前应用程序窗口。

退出 Word 2010 时，如果当前编辑的文档没有保存，系统会提示用户注意"是否将更改保存到×××.docx 中？"，用户可根据需要选择是否单击"保存"按钮保存最新的文档内容。

2) 文档的创建、打开、编辑、保存及文字的查找、替换

(1) 编辑文档。

① 启动 Word 2010。

② 在功能区左边，选择"文件"按钮中的"新建"命令，屏幕上出现"新建文档"界面。

③ 选中"空白文档"，创建一个空文档。

④ 单击"视图"功能区中的"页面视图"。

⑤ 在屏幕的空白区域内输入"参考样文"的文档内容(注意：正文使用宋体，5 号字，英文单词使用半角英文，标点符号使用全角中文；每段文字录入从左边界开始，前面不留空格，输入一段结束后，再按回车键)。

⑥ 将插入点移到第二行的起始位置，按回车键，在插入的空行上键入"摘要：全球经济前景出现弱化并存在着不确定性，中国经济仍会保持强劲增长，东亚新兴经济体增速提高。在庆祝复苏的同时，新的挑战也在出现。"按回车键，继续键入"关键字：中国经济，宏观经济，东亚经济"。

(2) 段落互换。

① 选中第六段("世界银行发布…")的全部内容，包括段落标记(回车符号)。

② 按住鼠标左键，将该段拖动到第五段("中国经济指标预测")之前。

(3) 查找和替换。

① 选择第六段("中国经济指标预测")、第七段两段。

② 在"开始"功能区上选择"替换"，打开"查找和替换"对话框，选择"替换"选项卡(可直接按 Ctrl + H 组合键)。

在"查找内容"文本框中输入查找的文本"经济"，在"替换为"文本框中输入替换的文本"宏观经济"。

③ 单击"全部替换"按钮，此时替换全部完成并显示其替换的次数(图 3.5)，

图 3.5　替换提示

选择"否"，完成替换操作(也可单击"替换"按钮，光标跳到下一个"经济"处，重复操作直到全部替换完毕)。

(4) 保存文件。

① 单击"文件"按钮，选择"保存"项，出现"另存为"对话框。

② 在该对话框下部的"文件名"框中输入文件名"中国经济与东亚经济"，单击"保存"按钮，将文档保存在默认文件夹中(可在"保存位置"框中更改文件夹)。

③ 单击"文件"按钮，选择"关闭"命令，或直接单击菜单栏最右端的"关闭"按钮，关闭当前文档。

3) 文档的字符排版、段落排版和页面排版

(1) 在窗口功能区上选择"文件"→"打开"，打开文件"中国经济与东亚经济.docx"。

(2) 设置格式。

① 选中标题"中国经济与东亚经济"，单击"开始"选项卡上的"字体"组右下角的启动器按钮，打开"字体"对话框(可直接按 Ctrl+D 组合键)，选择中文字体为黑体，字号为三号，加粗；单击"开始"选项卡上的"段落"组右下角的启动器按钮，打开"段落"对话框，选择对齐方式为居中对齐；选中"摘　要"，打开"字体"对话框，选择中文字体为黑体，字号五号，加粗；选中"关键字"，打开"字体"对话框，选择中文字体为黑体，字号五号，加粗；选中"中国经济，宏观经济，东亚经济"，打开"字体"对话框，选择中文字体为宋体，字号五号。

② 选中正文内容，打开"字体"对话框，在中文字体下拉列表中选择"宋体"、字号选择"小四号"，确定返回；选中正文第一段，在"开始"选项卡上的"字体"组中单击"文字效果"，在文字效果选项卡中选择第四行第二列的样式(渐变填充，橙色)。

(3) 段落设置。

① 单击正文第一段段首，按住 Shift 键，单击文章尾，选中正文文本。

② 打开"段落"对话框，在"特殊格式"下拉列表中选择"首行缩进"、磅值选"2 字符"。

③ 在"行距"下拉列表中选择"单倍行距"，段前、段后均为 1 行。

④ 单击"确定"按钮完成设置。

(4) 设置首字下沉。

① 定位插入点到正文第二段，单击"插入"选项卡"文本"组中的"首字下沉"，选择"首字下沉选项"，打开"首字下沉"对话框。

② "位置"选择"下沉""下沉行数"选择"2""距正文"选择 0.1 厘米。

③ 单击"确定"按钮返回。

(5) 设置段落底纹。

① 定位插入点到正文第三段，单击"页面布局"选项卡"页面背景"组中的

"页面边框"命令，打开"边框和底纹"对话框。

② 单击"底纹"选项卡，"填充"选择"黄色"，"应用于"选择"段落"。

③ 单击"确定"按钮返回。

(6) 设置分栏。

① 选择倒数第二段，单击"页面布局"选项卡"页面设置"组中的"分栏"，在列表中选择"更多分栏"，打开"分栏"对话框。

② "栏数"选择"2"，勾选"栏宽相等"复选框。

③ 单击"确定"按钮返回。

(7) 设置艺术型页面边框。

① 在打开的"边框和底纹"对话框中，选择"页面边框"选项卡。

② 在"艺术型"下拉列表中选择"红苹果"，"应用范围"选择"整篇文档"，单击"确定"按钮返回。

(8) 设置页眉页脚。

① 单击"页面布局"选项卡"页面设置"组中的启动器按钮，打开"页面设置"对话框。

② 单击"版式"选项卡，勾选"页眉和页脚"框下"奇偶页不同"复选框，单击"确定"按钮返回。

③ 单击"插入"选项卡"页眉和页脚"组中的"页眉"，在列表中选择第一行，在当前编辑窗口的上方出现"页眉和页脚工具"和页眉编辑区(虚线框内)。

④ 屏幕上将出现奇数页的页眉区，在其中输入文本"中国宏观经济论文"，使用"开始"选项卡中的相应按钮，设置插入内容格式为黑体，三号，右对齐。

⑤ 单击"页眉和页脚工具"→"设计"选项卡"导航"组的"下一节"命令，屏幕上将出现偶数页的页眉区，在偶数页页眉内输入文本"宏观经济导读"，使用"开始"选项卡中的相应按钮，设置插入内容格式为黑体，三号，左对齐。

⑥ 单击"页眉和页脚工具"→"设计"选项卡"导航"组的"转至页脚"命令，切换到页脚编辑区。

⑦ 单击"插入"选项卡"页眉和页脚"组的"页码"命令，选择列表中"页面底端"→"普通数字 1"分别在奇数页、偶数页页脚上插入页码。

⑧ 使用格式工具栏上的相应按钮，设置插入内容格式。

⑨ 单击"页眉和页脚工具"→"设计"选项卡的"关闭页眉和页脚"按钮，设置完毕。

提示：查看页眉或页脚，可以使用如下三种方法之一：在"页面视图"方式下；使用"文件"按钮中的"打印"命令；单击"插入"选项卡"页眉和页脚"组的"页眉"和"页脚"按钮，在列表中选择"编辑页眉"或"编辑页脚"。

(9) 文件另存名为"中国宏观经济与东亚宏观经济.docx"。

① 单击"文件"按钮，选择"另存为"命令，出现"另存为"对话框。

② 在该对话框下部的"文件名"框中输入文件名"中国宏观经济与东亚宏观经济"，单击"保存"按钮，将文档保存在默认文件夹中(可在"保存位置"框中更改文件夹)。

中国宏观经济与东亚宏观经济文件格式如图3.6所示。

图3.6 中国宏观经济与东亚宏观经济文件格式

4) 表格制作

(1) 创建9行4列表格。

如图3.1所示，在正文最后一段插入表格：单击"插入"选项卡"表格"组的"表格"，在出现的绘表区域中拖动鼠标到所需表格的行列格数(9行4列)，即可创建一个规则表格。

(2) 绘制斜线表头。

① 将插入点移到表格中，单击"表格工具"→"设计"选项卡"表格样式"组中的"边框"列表，在列表中选择"斜下框线"，表格中自动绘制一条对角线。

② 在相应位置输入"时间""名称"。

③ 用空格调整位置(如表头项目过多，可用插入线段、插入文本框的方法自行设定)。

(3) 输入其他文字内容。

(4) 设置对齐方式。

① 选中第二、三、四列的单元格。

② 单击鼠标右键，在弹出菜单的"单元格对齐方式"下拉菜单中选择"水平居中"。

③ 选中第一列单元格(除斜线表头单元格)，以同样的方式为第一列单元格内容设置"水平居中"对齐方式。

④ 选中表格，单击"开始"选项卡"段落"组中的"居中"按钮，设置表格在页面中居中。

⑤ 选中表格，表格内容，字体为"宋体"、字号为"小五号"字、段前段后间距为"0 行"、行距为"单倍行距"。

(5) 在表格右侧增加一列"平均"，用公式计算出相应的数值。

① 将插入点定位到表格的最后一列(或表格外段落标记前)。

② 单击鼠标右键，在弹出菜单中选择"插入"→"在右侧插入列"，插入一列。

③ 在该列的第一个单元格内输入"平均"。

④ 将光标移到该列的第二个单元格内，单击"表格工具"→"布局"选项卡的公式按钮，弹出公式输入对话框。

⑤ 在"公式"下输入"=AVERAGE(B2:D2)"或"=AVERAGE(LEFT)"函数，单击"确定"按钮，完成第一行平均值的计算。

⑥ 按此方法为其他单元格设置公式，按行计算出平均值。

(6) 设置表格边框底纹。

表格外部框线线型为双实线，宽度为 1.5 磅，颜色为淡蓝色(40%)；内框为单实线 1.5 磅，颜色为淡紫色(40%)，第一行底纹为淡橙色(40%)，第一列(斜线表头单元格之外)底纹为淡红色(60%)。

① 将插入点移到表格中，单击"表格工具"→"设计"选项卡"表格样式"组中的"边框"，打开"边框和底纹"对话框。

② 选择"方框""双实线""1.5 磅""淡蓝色(40%)"设置外边框。

③ 选择"自定义""单实线""1.5 磅""淡紫色(40%)"，单击"预览"区域中的内框线设置按钮，完成内框线的设置。

④ 选中第一行各单元格，在"表格工具"→"设计"选项卡"表格样式"组的"底纹"标签中，选择底纹为淡橙色(40%)。选中第一列各单元格(除斜线表头单元格)，在"底纹"标签中选择底纹为淡红色(60%)。

⑤ 单击"确定"按钮完成设置。

(7) 调整表格行高和列宽，保存文件。

5) 图文混排

(1) 新建文档，在新文档中建立表格，如表 3.1 所示。

表 3.1　　2013 年以来季度固定资产投资走势表

项目	13q1	13q2	13q3	13q4	14q1	14q2	14q3	14q4	15q1	15q2	15q3	15q4
投资额	5000	15000	28000	42000	7500	21000	38000	59000	9000	28000	49000	75000

选中表格，单击"插入"选项卡中"文本"组中的"对象"，在打开的对话框中选择"新建"选项卡中的"Microsoft Graph 图表"，建立图表，调整大小如图 3.2 所示。

(2) 复制图表。

(3) 插入点移到"中国宏观经济与东亚宏观经济.docx"正文第十三段("投资仍将保持较快增长…")后选择粘贴图表"2013 年以来季度固定资产投资走势图"。

(4) 右键单击图表，打开"设置对象格式"对话框，在"设置对象格式"的"版式"选项卡中"环绕方式"为"嵌入型"。

6) 在正文第八段("在固定资产投资…")后插入自选图形(图 3.3)

(1) 绘制矩形。单击"插入"选项卡"插图"组中的"形状"，在弹出列表中选择"矩形"，绘制一个矩形，通过"绘图工具"→"格式"选项卡中的"形状样式"组调整矩形外观。

(2) 选择矩形，缩放大小到合适位置。选择复制命令，复制矩形，再粘贴 7 次，调整 8 个矩形的位置。

(3) 绘制箭头。单击"插入"选项卡"插图"组中的"形状"，在弹出列表中选择线条中的"箭头"，画出图中所有箭头。

(4) 绘制左弧形箭头、右弧形箭头。单击"插入"选项卡"插图"组中的"形状"，在弹出的列表箭头汇总中选择"左弧形箭头""右弧形箭头"，画出左弧形箭头和右弧形箭头。

(5) 添加文字。按住 Shift 键，选择矩形，单击右键，选择"添加文字"，在 8 个矩形中输入相应文字。

(6) 组合图形。按住 Shift 键，依次选择所有图形，单击右键，选择"组合"→"组合"。

7) 样式设置

(1) 单击"开始"显示出"样式"组。

(2) Word 2010 中已经内置了一些格式供用户使用或修改。单击"样式"组右下角启动器按钮(Alt + Ctrl + Shift + S 组合键)显示"样式"窗口。右键单击"标题 1"选择"修改"命令，将格式设置为宋体、四号、加粗，如图 3.7 所示，单击"确定"按钮完成设置。

(3) 用第(2)步方法设置好二级标题"标题 2"、三级标题"标题 3""正文"等样式。

(4) 应用样式。参照图 3.8 将各级标题应用样式。

8) 多级符号

采用一级标题的编号为 1、2、…，二级标题的编号为 1.1、2.1、2.2、…；三级标题的编号为 1.1.1、1.1.2、…，依此类推。

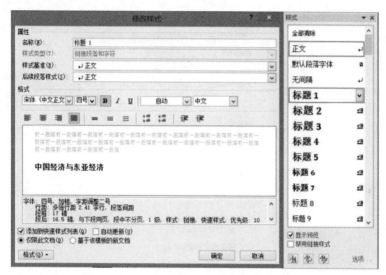

图 3.7　"标题 1"样式设置

图 3.8　各级标题样式

(1) 单击"开始"→"段落"组中的"多级列表"按钮。

(2) 在弹出的列表中选择"定义新的多级列表"命令，如图 3.9 所示。

(3) 在弹出的对话框中单击"更多"按钮，选中"单击要修改的级别"下的"1"，在"将级别链接到样式"中选"标题 1"，如图 3.10 所示。用同样的方法将级别 2、级别 3 设置成"标题 2""标题 3",最后单击"确定"按钮完成设置。

9) 图片、表格、公式编号

以题注的方式给样文中图片、表格加注"图 1-1　国内储蓄剩余和升值人民币汇率的均衡化调整机制""图 1-2　2013 年以来季度固定资产投资走势图""表 1-1　东亚经济分析表"。

图 3.9　定义新的多级列表

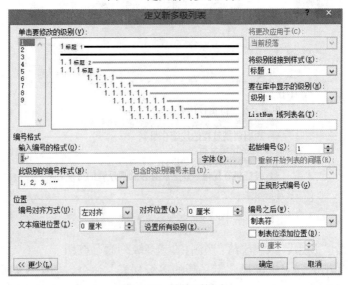

图 3.10　链接到样式

(1) 选择图片,单击"引用"→"题注"组中的"插入题注"命令,打开"题注"对话框，如图 3.11 所示。

（2）在对话框中单击"新建标签"按钮，在弹出的对话框中输入"图"字。如果需要，单击"编号"按钮打开如图 3.12 所示对话框，勾选"包含章节号"，并选择"章节起始样式"列表中的章节标题样式，单击"确定"按钮后在"题注"文本框中输入相应内容。

提示：如果在插入图片之前，可用"自动插入题注"对话框中列出的对象，包括表格、文档、公式等，都可以采用上面介绍的方法自动编号。对于已经添加到文档中的图片、表格、公式，可以单击鼠标右键，选择"插入题注"的方法添加编号。

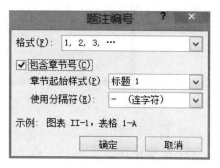

　　　图 3.11　　"题注"对话框　　　　　　图 3.12　　"编号"对话框

（3）图片的引用。使用"交叉引用"在样文中引用"如图 1-1"图片。

① 先将光标定位至需要插入图号的位置，如"如图"后，单击"引用"→"题注"组中的"交叉引用"。

② 打开"交叉引用"对话框，在"引用类型"下拉列表中选择"图"，在"引用内容"下拉列表内选择"只有标签和编号"，然后在"引用哪一个题注"框内选中"图 1-1"，单击"插入"按钮即可插入一个交叉引用，如图 3.13 所示。

10）注释说明(或参考文献)的标注

在"表 2-1"中标注"东亚"尾注。

（1）光标定位到"表 2-1"中的"东亚"，单击"引用"→"脚注"组中的启动器按钮，在弹出的对话框中选择"尾注"，位置为"文档结尾"，选择"编码格式"为阿拉伯数字，单击"插入"按钮后 Word 就在光标的地方插入了参考文献的编号，并自动跳到文档尾部相应编号处，键入说明"一般包括中国、日本、韩国、朝鲜和蒙古国五个国家。"

（2）在文档中需要多次引用同一文献时，在第一次引用此文献时需要制作尾注，再次引用此文献时单击"引用"→"题注"组的"交叉引用"，"引用类型"

选"尾注","引用内容"为"尾注编号(带格式)",然后选择相应的文献,插入即可。

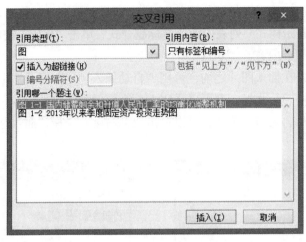

图 3.13　"交叉引用"对话框

11) 目录和索引

(1) 文章分节。

将光标定位至文档标题后,然后单击"页面布局"→"页面设置"组中的"分隔符",在列表中选择"连续"。

(2) 目录生成。

① 将光标定位至文档标题后。

② 单击"引用"→"目录"组中的"目录",在弹出的列表中单击"插入目录"命令。打开"目录"对话框。

③ 单击"选项"按钮,按要求设置,单击"确定"按钮完成设置,如图 3.14 所示。

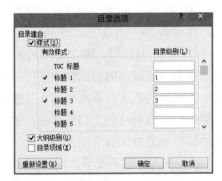

图 3.14　索引和目录

12) 在大纲视图下调整大纲结构

单击"视图"→"文档视图"组中的"大纲视图",进入大纲视图。选项区域显示"大纲"选项卡,在"大纲"选项卡"大纲工具"组中选择"显示级别"下拉列表中的某个级别,例如,"显示级别"为"3 级",则文档中会显示从级别 1 到级别 3 的标题。也可使用"大纲"选项卡来调整整个文档的组织结构。

13) 添加封面和目录、单独起页设置

论文首页添加封面页,目录单独起页,摘要和关键字单独起页,正文单独起页,参考文献单独起页。

14) 添加页眉

除封面和正文,其他各页添加页眉,位置居中,文字为本页一级标题。

实验 2　简 历 制 作

1. 实验目的

(1) 掌握个人简历的基本制作技巧。

(2) 掌握图片的编辑操作。

(3) 掌握文本框的编辑操作。

(4) 掌握表格的编辑操作。

2. 实验内容

迈克是一名大学生,经多方面了解分析,他希望在下个暑期去一家公司实习。为获得难得的实习机会,他打算利用 Word 精心制作一份简洁而醒目的个人简历,示例样式如图 3.15 所示。

要求如下:

(1) 新建一个空白 Word 文件,并命名为"简历.docx"。

(2) 调整文档版面,要求纸张大小为 A4,页边距(上、下)为 2.5 厘米,页边距(左、右)为 3.2 厘米。

(3) 根据页面布局需要,依次插入实验文件夹下图片 jl1.png～jl6.png,依据样例进行设置和调整。

(4) 参照示例文件,在个人照片旁插入文本框和横线,填入生日、现居、电话、邮箱等项目。

(5) 参照示例文件,插入表格。

(6) 参照示例文件,在各个项目中填入示例文字。

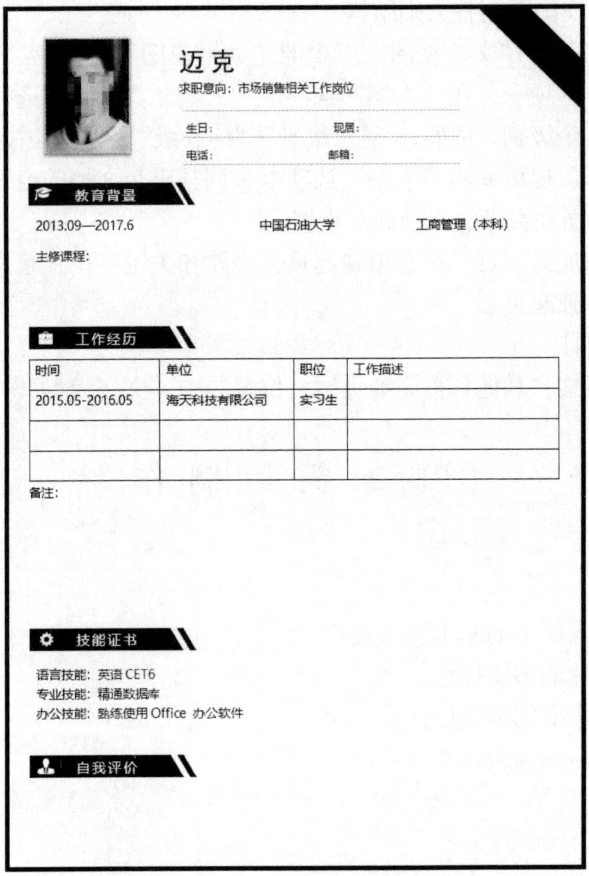

图 3.15　简历参考样式

实验 3　邀请函制作

1. 实验目的

(1) 掌握邀请函的基本制作技巧。

(2) 掌握邮件合并的基本制作技巧。

2. 实验内容

兰光科技公司将举行新产品发布会,拟邀请部分专家和经理出席会议,请制作一张邀请函,示例样式如图 3.16 所示。

图 3.16　邀请函参考样文

要求如下：

(1) 新建一个空白 Word 文件，并命名为"邀请函.docx"。将"Word-邀请函参考样文.docx"文件内容复制到"邀请函.docx"文档中。

(2) 调整文档版面，要求页面 A4、横向。

(3) 将实验参考文件夹下的图片"背景图片.jpg"设置为邀请函背景。

(4) 根据"Word-邀请函参考样文.jpg"文件，调整邀请函中内容文字的字体、字号和颜色。

(5) 调整邀请函中内容文字段落对齐方式。

(6) 在"尊敬的"文字之后，插入拟邀请的专家和经理的姓名及职务，拟邀请的专家和经理数据在实验参考文件夹下的"邀请函数据源.xlsx"文件中。每页邀请函中只能包含一位专家或老师的姓名，所有的邀请函页面另外保存在名为"Word 邀请函.docx"的文件中。

3. 实验步骤及操作指导

(1) 新建一个空白 Word 文件，并命名为"邀请函.docx"。将"Word-邀请函参考样文.docx"文件内容复制到"邀请函.docx"文档中，按要求进行编辑。

(2) 选择"邀请函.docx"文档作为当前编辑文档，单击"邮件"→"开始邮件合并"组中的"开始邮件合并"，在弹出的列表中单击"信函"。

(3) 单击"邮件"→"开始邮件合并"组中的"选择收件人"，在弹出的列表中单击"使用现有列表"，打开"选取数据源"对话框，选择"邀请函数据源.xlsx"

文件作为数据源，单击"打开"按钮完成操作。

(4) 将插入点定位在填写姓名的位置，单击"邮件"→"编写和插入域"组中的"插入合并域"，在弹出的列表中单击"姓名"，依次选择"职务"。

(5) 单击"邮件"→"完成"组中的"完成并合并"，选择输出方式，进一步完成合并。

(6) 若在第(2)步中选择正在使用的文档类型为"信封"，则根据提示选择，可完成信封的创建。

实验 4　宏 的 应 用

1. 实验目的

(1) 了解 Office 宏的基础知识。
(2) 了解宏的创建方法。
(3) 了解宏的使用方法，包括运行宏、删除宏等基本操作。

2. 实验内容

(1) 在 Word 中使用宏记录器创建宏。
(2) 运行宏。
(3) 删除宏。
(4) 使用 VBA 代码创建宏。

3. 实验步骤及操作指导

1) 在 Word 中使用宏记录器创建宏

在文档编辑时，需要定义艺术边框"▨▨▨"。使用宏记录器创建一个宏"圣诞树艺术边框"，快捷键为 Ctrl + Shift + A，功能是定义艺术边框"▨▨▨"。

在进行宏操作之前，要先将"开发工具"选项卡置于主选项卡区。

(1) 单击"开发工具"→"代码"组中的"录制宏"按钮，打开如图 3.17 所示的"录制宏"对话框。

(2) 在"宏名"框中键入宏的名称"圣诞树艺术边框"。

(3) 在"将宏保存在"框中，选择保存宏的模板或文档，在"说明"框中键入对宏的说明。

(4) 若要将创建的宏命令指定到工具栏或菜单，可单击"按钮"；要给宏指定快捷键，可单击"键盘"；若不希望将宏指定到工具栏、菜单或快捷键，则单击"确定"按钮就可以开始录制宏。本例中要给创建的宏指定快捷键，单击"键盘"按钮，打开如图 3.18 所示的"自定义键盘"对话框。

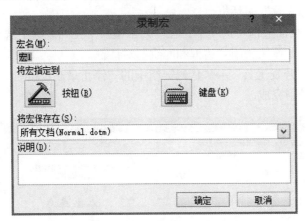

图 3.17 "录制宏"对话框

(5) 光标置于"请按新快捷键"文本框中，同时按下"Ctrl""Shift"和"A"键，如图 3.18 所示。

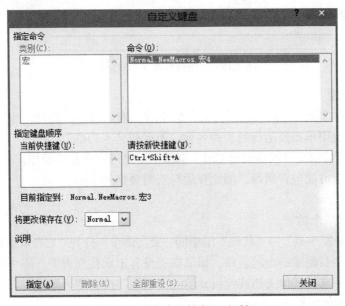

图 3.18 "自定义键盘"对话框

(6) 单击"指定"按钮，快捷键"Ctrl + Shift + A"被加至"当前快捷键"列表中。

(7) 单击"关闭"按钮，开始录制宏。录制过程中若需要暂停录制，可以单击"开发工具"→"代码"组中的"暂停录制按钮"。

(8) 单击"页面布局"→"页面背景"组中的"页面边框"命令，打开如图3.19所示的"边框和底纹"对话框。

(9) 选择"页面边框"选项卡，在"艺术型"下拉列表框中选择"圣诞树"，然后单击"确定"按钮关闭"边框和底纹"对话框。

(10) 单击"开发工具"→"代码"组中的"停止录制"按钮，至此宏"圣诞树艺术边框"录制完成。

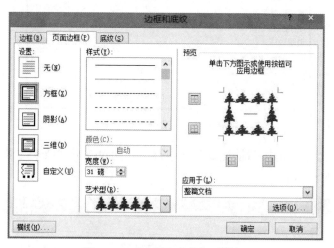

图 3.19 "边框和底纹"对话框

2) 运行宏

(1) 单击"开发工具"→"代码"组中的"宏"命令，打开"宏"对话框，在"宏名"框中单击要运行的宏的名称"圣诞树艺术边框"。

(2) 使用前面定义的快捷键 Ctrl + Shift + A 也可完成相应操作。

注意：宏可能包含病毒，因此在运行宏时要格外小心。

3) 删除宏

(1) 删除单个的宏。

单击"开发工具"→"代码"组中的"宏"命令，打开"宏"对话框，在"宏名"框中单击要删除的宏的名称。如果该宏没有出现在列表中，那么可以在"宏的位置"框中选择其他文档或模板，单击"删除"按钮即可删除宏。

(2) 删除宏方案。

单击"开发工具"→"代码"组中的"宏"命令，打开"宏"对话框，在对话框中单击"管理器"按钮，在"宏方案项"选项卡中单击要从任意列表中删除的宏方案，单击"删除"按钮即可删除宏方案。

4) 使用 VBA 代码创建宏

本例在 Word 中使用 VBA 代码创建一个宏"DelBlank"，并将其指定到"编辑"菜单中的菜单命令"删除空白段落"。该宏的功能是"在 Word 文档中可以对指定长度的段落进行删除",当 LEN=1 时可对空白段落进行删除。

(1) 使用 VBA 代码创建宏。

① 单击"开发工具"→"代码"组中的"宏"命令,打开如图 3.20 所示的"宏"对话框,输入宏的名称"DelBlank",然后单击"创建"按钮即创建一个宏。

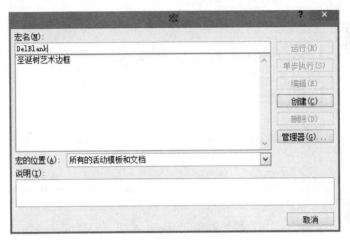

图 3.20　"宏"对话框

② 在弹出的 Visual Basic 编辑器的代码窗口中输入以下内容:

```
Sub DelBlank()
    Dim i As Paragraph,n As Long
    '关闭屏幕刷新
    Application.ScreenUpdating = False
    '在活动文档的段落集合中循环
    For Each i In ActiveDocument.Paragraphs
        '判断段落长度,此处可根据文档实际情况
        If Len(i.Range) = 1 Then
        '进行必要的修改可将任意长度段落删除
        i.Range.Delete
        n = n + 1                              '计数
        End If
    Next
    MsgBox "共删除空白段落" & n & "个!"
    Application.ScreenUpdating = True          '恢复屏幕刷新
End Sub
```

代码窗口中显示了用户创建的所有的宏，如图 3.21 所示。

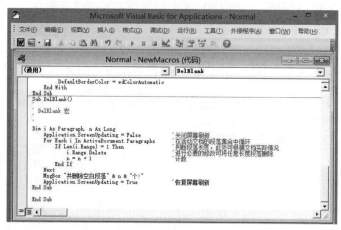

图 3.21　Visual Basic 代码窗口

③ 录入完毕后，单击"文件"→"关闭并返回到 Microsoft Word"按钮返回 Word。

④ 单击"文件"→"选项"打开"Word 选项"对话框，选择"自定义功能区"，单击"从下列位置选择命令"下的下拉按钮，选择"宏"，如图 3.22 所示。

⑤ 选择左边的"Normal.NewMacros.DelBlank"，单击"添加"按钮，将其添加到"新建组"中，如图 3.23 所示。

⑥ 在"自定义功能区"中选择命令"Normal.NewMacros.DelBlank"，单击"重命名"按钮，在对话框中将显示名称重命名为"删除空白段落"，如图 3.24 所示。

图 3.22　"Word 选项"对话框→"自定义功能区"操作

图 3.23　"新建组"按钮

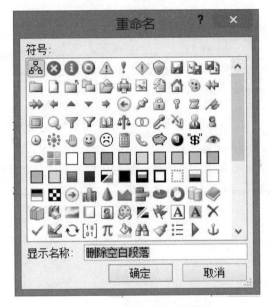

图 3.24　"重命名"对话框

(2) 使用创建的宏删除空白段落。

单击"新建选项卡"中的"删除空白段落"，如图 3.25 所示，可以将文档中的空白段落删除。

图 3.25　"删除空白段落"选项

(3) 删除自定义菜单。

① 打开"Word 选项"对话框→"自定义功能区"，如图 3.22 所示。

② 在"自定义功能区"中选择"删除空白段落"，如图 3.26 所示。

③ 单击"删除"按钮，该选项卡中"删除空白段落"就会被删除。

图 3.26　"删除空白段落"删除操作

第4单元　演示文稿 PowerPoint 2010 实验

1. 实验目的

(1) 熟悉 PowerPoint 2010 的使用方法。
(2) 掌握 PowerPoint 2010 演示文稿的制作技巧。
(3) 掌握 PowerPoint 2010 演示文稿的放映方法。

2. 实验内容

(1) 创建幻灯片演示文稿，制作"毕业论文答辩.pptx"。
(2) 幻灯片的插入。
(3) 设置幻灯片母版。
(4) 选择指定的幻灯片版式。
(5) 在幻灯片上插入各类对象并编辑。
(6) 设置幻灯片中对象的动画效果。
(7) 超链接设计技术的应用。
(8) 播放演示文稿。

3. 实验步骤及操作指导

(1) 创建新演示文稿。
(2) 插入 5 张幻灯片，如果不够可以后面再添加。单击"视图"→"母版视图"组中的"幻灯片母版"命令，在任一张幻灯片上单击右键，选择"设置背景格式"，在弹出的对话框上选择"填充"→"图片或纹理填充"→"文件"，选择"背景图片"，单击"全部应用"按钮，然后关闭母版视图。
(3) 单击"开始"→"幻灯片"组中的"版式"，设置第一张幻灯片版式为"标题幻灯片"，后面的幻灯片版式可以根据需要自行设置。将素材文件夹的内容插入幻灯片，如图 4.1 所示。
(4) 在演示文稿中添加动画。单击"动画"按钮，如图 4.2 所示。选择第一张幻灯片标题，设置动画效果为"飞入""自顶部"。选择副标题，设置动画为"浮入"，设置"开始"为"上一动画之后"。

依次设置第二张幻灯片文本，选择动画为"缩放"和"擦除"，设置"开始"为"上一动画之后"，设置持续时间"00.50"。

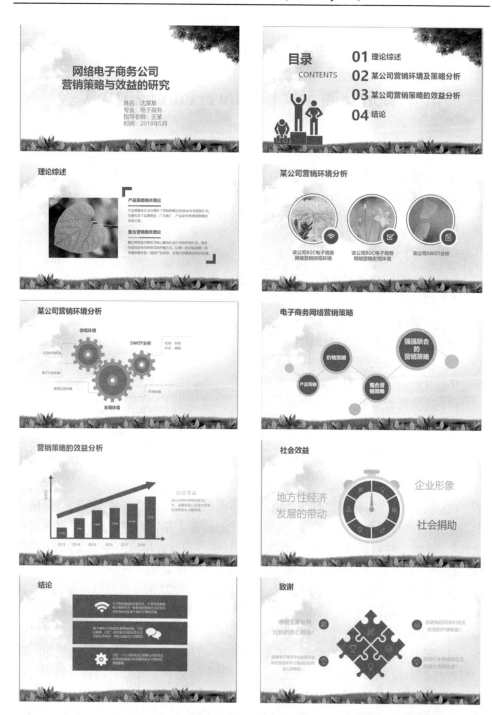

图 4.1 插入幻灯片内容

图 4.2　添加动画

用同样的方法为后面的幻灯片设置动画效果，注意播放的顺序和持续时间。

(5) 插入背景音频文件。

为第一张幻灯片插入背景音频文件。选择"插入"→"媒体"组中的"音频"→"文件中的音频"命令，打开文件选择对话框，在文件选择对话框中选择"秋日私语"声音文件。设置开始"与上一动画同时"，设置持续时间"自动"。打开"动画窗格"，选择背景音频文件下拉列表框中"效果选项"，设置如图 4.3 所示的参数。

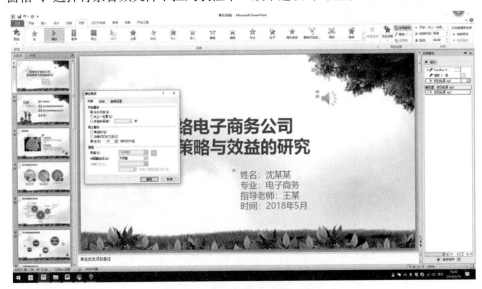

图 4.3　背景音频文件动画参数

(6) 插入超链接。

设置第二张幻灯片目录超链接(注意：这里为幻灯片上文字所在的文本框设置超链接，保证文本的显示效果不被改变)。单击"插入"→"链接"组中的"超链接"命令，打开"插入超链接"对话框，选择"本文档中的位置"的相应幻灯片。如图 4.4 所示，依次插入其他幻灯片超链接，不要忘记设置返回目录幻灯片的超链接。

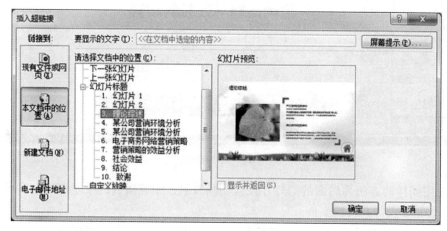

图 4.4　　"插入超链接"对话框

(7) 设置幻灯片切换。在"切换"中可以设置每一张幻灯片切换的效果为"淡出"，持续时间"07.00"，取消自动换片设置，勾选"单击鼠标时"复选框，单击"全部应用"按钮完成设置。

(8) 播放幻灯片。

(9) 保存演示文稿，文件名为"毕业论文答辩.pptx"。

第 5 单元　电子表格软件 Excel 2010 实验

实验 1　数据管理和分析

1. 实验目的

(1) 掌握自编公式的数据处理方法及技巧。

(2) 掌握建立图表的操作方法。

(3) 掌握数据分类汇总的操作方法。

(4) 掌握 Excel 常用函数的使用方法。

(5) 掌握高级筛选的使用方法。

(6) 掌握单元格相对引用和绝对引用的区别。

(7) 掌握单元格条件格式的使用方法。

(8) 掌握频率统计的使用方法。

2. 实验内容

(1) 表格公式编辑及函数应用。

(2) 表格条件格式设置。

(3) 表格高级筛选。

(4) 频率统计。

3. 实验步骤及操作指导

打开"综合成绩.xlsx"(局部如图 5.1 所示)，按下述要求操作。

(1) 在"综合成绩.xlsx"Sheet1 中依次增加四列，分别是综合成绩、平均分、总分及名次。

(2) 利用公式计算综合成绩，综合成绩=Σ各课程得分×该课程的权重。

操作提示：综合成绩的计算应使用绝对引用，如学生杜升华的综合成绩(J2 单元格)的计算公式为

=C2*$B$34+D2*$C$34+E2*$D$34+F2*$E$34+G2*$F$34+H2*$G$34+I2*$H$34

其中，C2、D2、…、I2 是该生的单科成绩，因为每个学生的单科成绩是不同的，这里采用相对引用，$B$34、$C$34、…、$H$34 是各课程对应权重所在单元格，

各课程的权重对每个学生都是相同的，这里采用绝对引用。在正确计算出第一个学生的综合成绩后，其他学生的综合成绩就可通过自动填充的方法计算得出。

	A	B	C	D	E	F	G	H	I
1	班级	姓名	高等数学	大学计算	大学英语	会计学原理	宏观经济	大学语文	体育
2	会计09	杜升华	60	93	77	77	95	89	79
3	金融09	冯彬轩	41	68	68	68	75	80	77
4	统计08	高玉萍	53	81	93	90	95	81	78
5	金融09	郭崇保	46	31	87	75	95	80	82
31									
32	各门课程在综合成绩中的权重								
33	课程	高等数学	大学计算	大学英语	会计学原理	宏观经济	大学语文	体育	
34	权重	0.15	0.15	0.15	0.15	0.2	0.15	0.05	

图 5.1 　"综合成绩.xlsx"表

对工作表进行修改(甚至是非常小的改动)可能产生连锁反应，导致其他单元格产生错误。例如，很容易偶然在一个含有公式的单元格内输入一个值，这个小错误会对其他公式产生很大的影响，您可能在这之后很久才发现问题，甚至可能永远也发现不了这个问题。

公式错误一般会是以下几种类型：

语法错误。公式的语法有问题，例如，公式中的括号可能会不匹配，输入了中文标点符号(包括括号)，在全角方式输入字符，或者是函数参数的个数不正确等。

逻辑错误。公式不会返回一个错误，但它包含有逻辑错误，导致返回不正确的值。

引用错误。公式逻辑是正确的，但这个公式使用了错误的单元格引用，例如，在 SUM 公式中，区域的引用可能并没有包括用来求和的所有数据。

语义错误。例如，函数名称拼写不正确，Excel 试图解释这个名称，结果显示为"#NAME?"错误。

循环引用。当公式直接或间接引用自己所在的单元格时，就发生了循环引用。在少数情况下循环引用很有用，但在大多数情况下，循环引用会引起问题。

(3) 计算平均分、总分。

(4) 在"综合成绩.xlsx"Sheet1 表中利用 RANK 函数计算学生综合成绩名次。

操作提示：如学生杜升华的名次(M2 单元格)=RANK(J2,$J$2:$J$28)，该函数返回一个数字在数字列表中的排位。数字的排位是其大小与列表中其他值的比值(如果列表已排过序，则数字的排位就是它当前的位置)。J2 是杜升华的综合成绩所在单元格，而$J$2:$J$28 是综合成绩所在列表，因为要进行自动填充，这里采用单元格绝对引用，若不采用绝对引用，结果会怎样？请同学们自行比较。

(5) 设置条件格式，新建格式规则把满足"所有不及格的分数(<60)"的单元格的底纹颜色设为"红色"。

操作提示：在 Sheet1 表中，选定 C2:J28 单元格区域，打开"新建格式规则"

对话框(图 5.2)，设置内容为"单元格值""小于""60"，接着单击"格式"按钮，设置单元格底纹颜色为"红色"，最后单击"确定"按钮完成设置。

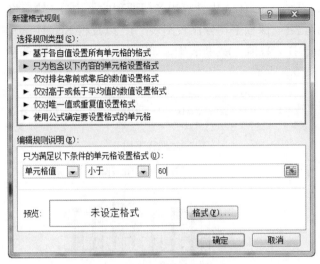

图 5.2　"新建格式规则"对话框

(6) 插入一个工作表，将 Sheet1 表中的 A1:A28 单元格区域及 J1:J28(综合成绩所在区域)复制到新插入的表中，将该表重命名为"综合成绩分析表"。

(7) 在"综合成绩分析表"中，用分类汇总方式求出各个班级的综合成绩平均分。

操作提示： 按照班级排序(升序或降序均可)，然后打开"分类汇总"对话框，按图 5.3 所示进行相应设置，单击"确定"按钮完成设置。

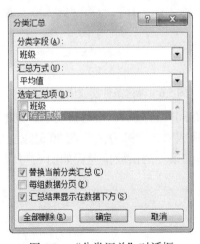

图 5.3　"分类汇总"对话框

(8) 插入一个工作表，将该表重命名为"课程平均分比较图表"，做出各门课程平均分比较图表。

操作提示：先在 Sheet1 表中计算出各门课程的平均分，然后将 Sheet1 表中的课程名粘贴到新表("课程平均分比较图表")，以及将 Sheet1 表中计算好的平均分选择性粘贴(选择"数值")到新表中，如图 5.4 所示。利用图表向导生成三维簇状柱形图，如图 5.5 所示。

	A	B	C	D	E	F	G
1	高等数学	大学计算机	大学英语	会计学原理	宏观经济	大学语文	体育
2	64.4	69.8	77.4	69.2	79.3	72.4	67.9

图 5.4　课程平均分

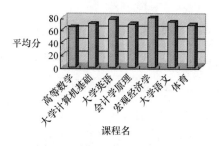

图 5.5　课程平均分比较图表

(9) 在 Sheet1 表中使用高级筛选，筛选出高等数学在 80 分以上同时综合成绩在 70 分以上的学生。

操作如下：

① 选择 Sheet1 表，在表中的任意空白区域，输入筛选条件，如图 5.6 所示。

	A	B	C	D	E
36			高等数学		综合成绩
37			>=80		>=70

图 5.6　筛选条件摆放位置(与条件)

操作提示：课程名在同一行显示，按题目要求，判断条件也在课程名下方的同一行显示，如果题目换成"选出高等数学在 80 分以上或者综合成绩在 70 分以上的学生"，则输入的筛选条件的摆放位置应如图 5.7 所示，请注意比较区别。

	A	B	C	D	E
36			高等数学		综合成绩
37			>=80		
38					>=70

图 5.7　筛选条件摆放位置(或条件)

　　② 单击选项卡中的"数据"→"排序和筛选"组中的"高级"命令，打开"高级筛选"对话框，如图 5.8 所示。筛选结果有两种显示方式，一是在原有区域 (A1:M28) 显示筛选结果；二是在其他位置显示筛选结果，原有区域数据保留，"列表区域"是选择数据的区域范围，在本例中为 $A$1:$J$28，"条件区域"就是摆放条件的区域范围，在本例中为 $D$36:$F$37(图 5.8)，如果选择"将筛选结果复制到其他位置"，则需单击"复制到"文本框旁的折叠按钮，然后在表中的任意空白单元格单击一下，在本例中为 $A$39 起始的一个连续区域，表示从该单元格开始的一个连续区域将用于存放高级筛选的结果，在实际操作中，可单击折叠按钮在 Sheet1 表中按下鼠标左键拖动鼠标选择列表区域或条件区域，选择完毕又单击返回按钮回到"高级筛选"对话框完成其他设置，最后单击"确定"按钮，就可看到筛选结果，如图 5.9 所示。需要说明的是，在本例中只设置了两个条件，还可根据需要增加条件，希望同学们能够举一反三，灵活应用。

图 5.8　"高级筛选"对话框

	A	B	C	D	E	F	G	H	I	J
39	班级	姓名	高等数学	大学计算机	大学英语	会计学原理	宏观经济学	大学语文	体育	综合成绩
40	管理07	怀 悦	90	73	94	94	75	85	69	84
41	统计08	李桂芳	89	61	60	65	78	77	70	72
42	管理08	石 萍	85	64	100	74	85	60	64	78
43	金融09	张福誉	84	52	84	79	75	68	60	73
44	会计09	张鹤龄	86	82	74	60	72	66	82	74
45	统计08	张希	87	93	90	66	85	63	61	80
46	金融09	周维莉	82	83	98	56	85	81	64	80

图 5.9　筛选结果

　　(10) 插入工作表，将该表重命名为"大学英语成绩分析"，不用"分类汇总"的方式，统计出各班学生的人数及大学英语平均分。

　　操作提示：先将 Sheet1 表中的班级、姓名及大学英语三列数据复制到新表("大学英语成绩分析")，如图 5.10 所示，在表中依次增加三列，分别是班级、人数及平均分，如图 5.11 所示，选定单元格 G2，输入公式"= COUNTIF ($A$2:$A$28,F2)"(或者"= COUNTIF(A2:A28，"统计 08")，但不能自动填充计算其他班级人数)，

COUNTIF 函数计算区域中满足给定条件的单元格的个数，在此计算出"统计 08"班的人数，利用自动填充计算出其他班级的人数；选定单元格 H2，输入公式"=SUMIF($A$2:$A$28,F2,$C$2:$C$28)/G2"，SUMIF 根据指定条件对若干单元格求和，在此计算出"统计 08"班的平均分，同理利用自动填充计算出其他班级的平均分。

	A	B	C
1	班级	姓名	大学英语
2	统计08	高玉萍	93
3	统计08	李桂芳	60
4	统计08	孟丹	82
5	统计08	陶春霞	62
6	统计08	张希	90
7	金融09	冯彬轩	68

图 5.10 大学英语成绩

	F	G	H
	班级	人数	平均分
	统计08	5	77.4
	金融09	6	77.7
	会计09	4	80.5
	会计08	3	79.7
	管理08	4	77.5
	管理07	5	73.2

图 5.11 大学英语成绩分析

(11) 大学英语成绩频率统计(即统计各分数段的人数)。

操作提示：首先按图 5.12(a)在单元格区域 K1:K8 直接输入所示内容，在单元格区域 N3:N8 设置成绩分界点的数字(含义是 60 分以下、60～69 分、…、90～99 分及 100 分)，然后单击单元格 L3，输入公式 "=FREQUENCY(C2:C28,N3:N8)"，单元格区域 C2:C28 是大学英语成绩的区域，得到一个结果，然后选择单元格区域 L3:L8，按下 F2 功能键，同时按下 Shift+Ctrl+Enter 组合键，就得到分数频率统计的结果，如图 5.12(b)所示。

	K	L	M	N
1	大学英语成绩频数统计			
2	分数段	人数		
3	60分以下			59
4	60-69分			69
5	70-79分			79
6	80-89分			89
7	90-99分			99
8	100分			100

(a)

	K	L	M	N
1	大学英语成绩频数统计			
2	分数段	人数		
3	60分以下	3		59
4	60-69分	5		69
5	70-79分	7		79
6	80-89分	5		89
7	90-99分	5		99
8	100分	2		100

(b)

图 5.12 大学英语成绩频率统计

(12) 统计分数的众数(就是统计出现次数最多的分数)。

操作提示：在空白单元格中输入公式 "=MODE(C2:C28)"，该函数返回在某一数组或数据区域中出现频率最多的数值。如果数据集合中不含有重复的数据，则 MODE 函数返回错误值 N/A。

实验 2　单变量求解

1. 实验目的

掌握 Excel 中单变量求解的方法。

2. 实验内容

假设要购买一套住房，每月可以提供 1800 元的月付款。如果预付 20%的房款，银行可以提供 30 年固定利率为 6.50%的房屋贷款。问题是："你能够承受的最高购房价格是多少？"换句话说，就是"房屋价格是多少时，才能使月付款为 1800 元"。

3. 实验步骤及操作指导

(1) 建立如图 5.13 所示的购房贷款分析表。

	A	B
1	购房贷款分析表	
2		
3	数值部分	
4	房屋价格	400000.00
5	首付款	20%
6	贷款期限	360
7	年利率	6.50%
8		
9	结果部分	
10	贷款总额	320,000.00
11	月付款	2,022.62
12	付款总额	728,142.36
13	总利息	408,142.36

图 5.13　购房贷款分析表

其中，房屋价格、首付款、贷款期限、年利率直接输入，贷款总额的计算公式为"=B4*(1–B5)"，月付款的计算公式为"=PMT(B7/12,B6,–B10)"，付款总额的计算公式为"=B11*B6"，总利息的计算公式为"=B12–B10"。在给定贷款总额和年利率的情况下，PMT 函数返回贷款的月付款额(本金加利息)。

PMT 函数的语法是：PMT(rate, nper, pv, fv, type)。

rate 表示贷款利率，这个利率一般表示为一个年利率，必须把它除以期数。

nper 表示该项贷款的付款总期数。

pv 表示现值，或一系列未来付款的当前值的累加和，也称为本金。

fv 表示未来值，或在最后一次付款后希望得到的现金余额，如果省略 fv，则假设其值为零,也就是一笔贷款的未来值为零。

type 表示数字 0 或 1,用以指定各期的付款时间是在期初还是期末。

注意在本例中,第三个参数(pv,代表现值)是负的,代表欠款。

(2) 单击"数据"→"数据工具"组的"模拟分析"→"单变量求解"命令,Excel 表格显示出如图 5.14 所示的对话框。在"目标单元格"处输入$B$11,在"目标值"处输入 1800,在"可变单元格"处输入$B$4,当然也可单击折叠按钮，选择单元格。

(3) 参数设置结果如图 5.15 所示,单击"确定"按钮得到如图 5.16 所示计算结果。

图 5.14　参数设置对话框

图 5.15　参数设置结果

	A	B
1	购房贷款分析表	
2		
3	数值部分	
4	房屋价格	355974.34
5	首付款	20%
6	贷款期限	360
7	年利率	6.50%
8		
9	结果部分	
10	贷款总额	284,779.48
11	月付款	1,800.00
12	付款总额	648,000.00
13	总利息	363,220.52

图 5.16　计算结果

从图 5.16 可以看到,在月供为 1800 元(其他条件不变)的前提下,所能承受的商品房价格是 355974.34 元。

操作提示:Excel 并不一定总是能找到产生所需结果的值,有时解是不存在的。在这种情况下,"单变量求解状态"对话框会告诉您无法获得满足条件的结果。但是,在某些情况下,Excel 会报告不能求解,而使用者确信解的存在,如果发生这种情况,可以尝试下列选项:

① 将"单变量求解"对话框中"可变单元格"的当前值调整为更接近求解的值，然后重新执行命令。

② 调整"文件"→"选项"→"公式"→"计算选项"中的"最多迭代次数"，增加迭代(或计算)次数使 Excel 尝试寻找更多可能的解。

③ 再次检查函数的逻辑性，确保公式单元格确实依赖于指定的可变单元格。

(4) 如果还想进一步知道每期还款的本金和利息，还需用到两个函数，分别是 PPMT 和 IPMT，结果如图 5.17 所示。

	D	E	F
1	还款期数	本金	利息
2	1	257.44	1,542.56
3	2	258.84	1,541.16
4	3	260.24	1,539.76
5	4	261.65	1,538.35
6	5	263.07	1,536.93
7	6	264.49	1,535.51
8	7	265.93	1,534.07
9	8	267.37	1,532.63
10	9	268.81	1,531.19
11	10	270.27	1,529.73

图 5.17　每期还款本金和利息

E2 单元格的公式为"=PPMT($B$7/12,D2,$B$6,-$B$10,0,0)"，PPMT 函数的语法是 PPMT(rate,per,nper,pv,fv,type)，per 用于计算其利息数额的期数，必须在 1 到 nper(总期数)之间。F2 单元格的公式为"=IPMT($B$7/12,D2,$B$6,-$B$10)"，IPMT 函数的语法与 PPMT 类似，在给定固定付款额和固定利率的情况下，PPMT 函数返回投资在某一给定期间内的本金偿还额，IPMT 函数返回给定期数还款的利息偿还额。参数 pv(代表现值)是负的，表示欠款。

实验 3　综 合 应 用

1. 实验目的

(1) 掌握表格自动套用格式的用法。
(2) 掌握单元格格式的设置方法。
(3) 掌握 VLOOKUP 函数的用法。
(4) 掌握 SUMIFS 函数和 SUMPRODUCT 函数的用法。
(5) 掌握 WEEKDAY 函数的用法。
(6) 掌握 IF 函数及函数嵌套的用法。

2. 实验内容

(1) 表格自动套用格式。

(2) 设置单元格格式。

(3) 公式和函数应用。

3. 实验步骤及操作指导

(1) 对"图书订单表"进行格式调整。通过套用表格格式方法将所有的销售记录调整为"表样式中等深浅 9"格式，并将"单价"列和"小计"列所包含的单元格调整为"会计专用"(人民币)数字格式。

操作步骤：在"图书订单表"中选择 A2:H298 单元格区域，在"开始"→"样式"组中单击"套用表格格式"按钮，在弹出的下拉列表的"中等深浅"栏中选择"表样式中等深浅 9"，如图 5.18 所示。

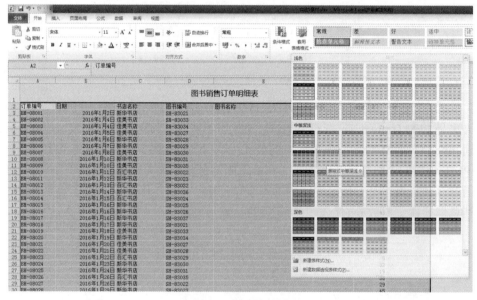

图 5.18　套用表格样式

按住 Ctrl 键，同时选择 F 列和 H 列，单击鼠标右键，选择"设置单元格格式"→"数字"→"分类"→"会计专用"，如图 5.19 所示。

(2) 根据图书编号，在"图书订单表"的"图书名称"列中，使用 VLOOKUP 函数完成图书名称的自动填充。"图书名称"和"图书编号"的对应关系在"编号对照工作表"中。

操作步骤：选择 E3 单元格，单击"公式"→"函数库"组中的"插入函数"命令，在"选择函数"列表框中选择 VLOOKUP 函数，打开"函数参数"对话框。

图 5.19　设置"会计专用"数字格式

在"Lookup_value"文本框中输入"D3";将光标定位在"Table_array"文本框中,在"编号对照工作表"中选择 A2:C19 单元格区域;在"Col_index_num"文本框中输入"3",在"Range_lookup"文本框中输入"0"或者"FALSE",单击"确定"按钮关闭"函数参数"对话框。双击 E3 单元格右下角的填充柄完成图书名称的自动填充,如图 5.20 所示。

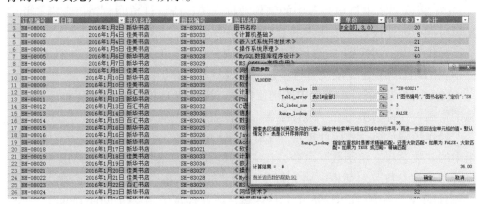

图 5.20　使用 VLOOKUP 函数完成图书名称的自动填充

(3) 根据图书编号,在"图书订单表"的"单价"列中,使用 VLOOKUP 函数完成图书单价的自动填充。"单价"和"图书编号"的对应关系在"编号对照工作表"中。

操作步骤:选择 F3 单元格,单击"公式"→"函数库"组中的"插入函数"命令,在打开的对话框的"选择函数"列表框中选择 VLOOKUP 函数,打开"函数参数"对话框。在"Lookup_value"文本框中输入"D3";将光标定位在

"Table_array"文本框中，在"编号对照工作表"中选择 A2:C19 单元格区域；在"Col_index_num"文本框中输入"3"，在"Range_lookup"文本框中输入"0"或者"FALSE"，单击"确定"按钮关闭"函数参数"对话框。双击 F3 单元格右下角的填充柄完成单价的自动填充，如图 5.21 所示。

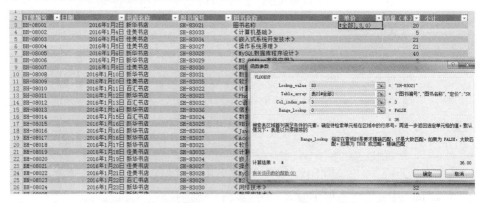

图 5.21　使用 VLOOKUP 函数完成图书单价的自动填充

(4) 在"图书订单表"的"小计"列中，计算每笔订单的销售额。

操作步骤：选择 H3 单元格，输入"=F3*G3"，按 Ctrl 键，双击 F3 单元格右下角的填充柄完成"小计"的自动填充。

(5) 根据"图书订单表"中的销售数据，统计所有订单的总销售金额，并将其填写在"统计报告"工作表的 B3 单元格中。

操作步骤：切换到"统计报告"工作表，在 B3 单元格中输入"=SUM(图书订单表!H3:H298)"，完成所有订单总销售金额的计算。

(6) 根据"图书订单表"中的销售数据，统计佳美书店在 2016 年第二季度的总销售额，并将其填写在"统计报告"工作表的 B4 单元格中。

操作步骤：选择"统计报告"工作表 B4 单元格，单击"公式"→"函数库"组中的"数学与三角函数"命令，在"选择函数"列表框中选择 SUMIFS 函数，打开"函数参数"对话框。将光标定位到"Sum_range"文本框，拖动鼠标选择"图书订单表"中的 H3:H298 单元格区域；将光标定位到"Criteria_range1"文本框，拖动鼠标选择"图书订单表"中的 C3:C298 单元格区域，在"Criteria1"文本框中输入"佳美书店"；将光标定位到"Criteria_range2"文本框，拖动鼠标选择"图书订单表"中的 B3:B298 单元格区域，在"Criteria2"文本框中输入">=2016-04-01"；将光标定位到"Criteria_range3"文本框，拖动鼠标选择"图书订单表"中的 B3:B298 单元格区域，在"Criteria3"文本框中输入"<=2016-06-30"；单击"确定"按钮关闭"函数参数"对话框，如图 5.22 所示。

或者选定"统计报告"工作表的 B4 单元格，输入公式"=SUMPRODUCT(1*(图书订单表!C90:C177="佳美书店"), 图书订单表!H90:H177)"。

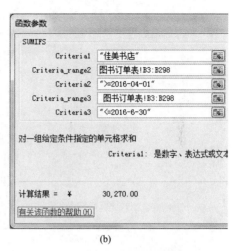

(a)　　　　　　　　　　　　　　　　(b)

图 5.22　使用 SUMIFS 函数统计佳美书店在 2016 年第二季度的总销售额

(7) 根据"图书订单表"中的销售数据, 统计"新华书店"在 2016 年的每月平均销售额(保留 2 位小数), 并将其填写在"统计报告"工作表的 B5 单元格中。

操作步骤: 本题使用 SUMIFS 函数的方法与(6)类似, 在"统计报告"工作表 B5 单元格输入"=SUMIFS(图书订单表!H3:H298, 图书订单表!C3:C298, "新华书店", 图书订单表!B3:B298, ">=2016-01-01", 图书订单表!B3:B298, "<=2016-12-31")/12", 完成新华书店在 2016 年的每月平均销售额的计算。选择"统计报告"工作表 B5 单元格, 单击鼠标右键, 在弹出的快捷菜单中选择"设置单元格格式", 在"数字"选项卡的"分类"列表框中选择"数值"选项, 在"小数位数"数值框内输入"2", 如图 5.23 所示, 单击"确定"按钮关闭"设置单元格格式"对话框。

图 5.23　设置数值保留 2 位小数

图 5.24　根据"图书订单表"创建数据
透视表

或者选定"统计报告"工作表的 B5 单元格输入公式"=SUMPRODUCT(1*(图书订单表 !C3:C298="新华书店"),图书订单表!H3:H298)/12"。

(8) 根据"图书订单表"中的列表创建数据透视表,设置"日期"字段为列标签,"书店名称"字段为行标签,"销量(本)"字段为求和汇总项,并在数据透视表中显示 2016 年期间各书店的每季度的销量情况。将创建完成的数据透视表放置在新的工作表中,将工作表命名为"2016 年每季度书店销量"。

操作步骤:在"图书订单表"中选择任一有内容的单元格,单击"插入"→"表格"组中的"数据透视表"命令,打开"创建数据透视表"对话框,单击"确定"按钮关闭。鼠标右键单击新工作表标签,选择"重命名",将工作表重命名为"2016 年每季度书店销量"。在"2016 年每季度书店销量"工作表的"数据透视表字段列表"任务窗格中,在"选择要添加到报表的字段"列表框中选择"日期"字段,将其拖动到"列标签"文本框,"书店名称"字段拖动到"行标签"文本框,"销量(本)"字段拖动到"数值"文本框,如图 5.24 所示。选择"数据透视表工具"→"选项"→"分组"组中的"将所选内容分组",打开"分组"对话框,按照图 5.25 所示设置

起止日期,步长值设置为"季度",单击"确定"按钮,结果如图 5.26 所示。

(9) 在工作表"2016 年每季度书店销量"工作表中,根据生成的数据透视表,在透视表下方创建一个三维簇状柱形图,图表仅对各书店 4 个季度图书的销量进行比较。

操作步骤:选定工作表"2016 年每季度书店销量"工作表中数据透视表的任意一个单元格,选择"插入"→"图表"组→"柱形图"→"三维簇状柱形图",结果如图 5.27 所示。

图 5.25　设置分组"季度"

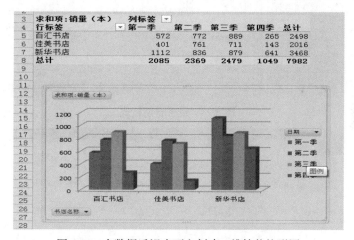

图 5.26　数据透视表结果

图 5.27　在数据透视表下方创建三维簇状柱形图

(10) 在"图书订单日期表"的"日期"列的所有单元格中，标注每个日期属于星期几，例如，"2016 年 1 月 2 日"的单元格应显示为"2016 年 1 月 2 日　星期六"。

操作步骤：在"图书订单日期表"中选择 B3:B298 单元格区域，单击鼠标右键，或者选择"开始"→"单元格"组→"格式"→"设置单元格格式"→"数字"→"分类"→"自定义"，在右侧的"类型"文本框中输入"yyyy'年'm'月'd'日'aaaa"，单击"确定"按钮，结果如图 5.28 所示。

(11) 在"图书订单日期表"的"日期"列的单元格中，日期如果是星期六或者星期日，则在"是否周末"单元格中显示"是"，否则显示"否"(必须使用公式)。

操作步骤：在"图书订单日期表"中选择 C3 单元格，输入"=IF(WEEKDAY(B3,2)>5,"是","否")"，然后双击 C3 单元格右下角的填充柄向下填充到 C298 单元格，如图 5.29 所示。WEEKDAY 函数的参数说明如图 5.30 和图 5.31 所示。

图 5.28　设置日期格式

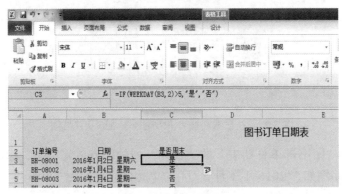

图 5.29　IF 函数的嵌套用法

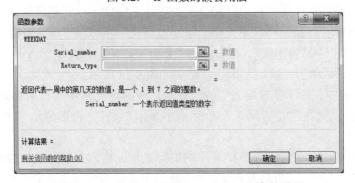

图 5.30　WEEKDAY 函数 Serial_number 参数说明

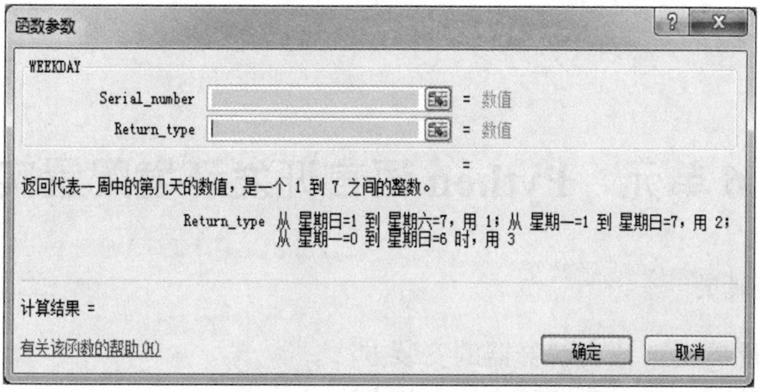

图 5.31　WEEKDAY 函数 Return_type 参数说明

第 6 单元　Python 语言开发环境配置实验

1. 实验目的

(1) 掌握 Python 语言解释器的安装方法。
(2) 掌握 PyCharm 开发环境的安装方法。
(3) 掌握程序编写的基本方法，了解 Python 集成开发环境。

2. 实验内容

(1) 下载并安装 Python 3.5.3。
(2) 下载并安装 PyCharm。
(3) 在 IDLE 中创建并运行 Python 程序。

3. 实验步骤及操作指导

(1) 在 Python 语言官方网站的下载页面 https://www.python.org/downloads 找到需要下载的版本，这里选择 Python 3.5.3 版本(图 6.1)。

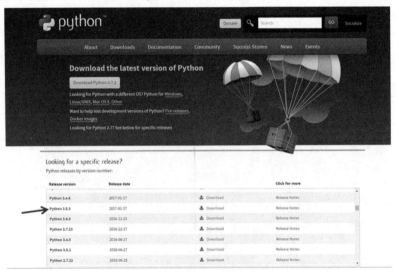

图 6.1　Python 语言解释器下载页面

下载完成后，打开下载文件所在的目录，双击下载的安装文件，进入 Python 解释器的安装引导过程，依次按照提示完成安装过程，如图 6.2 所示。

安装完成，同时按下 Win + R 键，输入"cmd"（图 6.3），单击"确定"按钮，打开如图 6.4 所示窗口。

图 6.2　Python 语言解释器安装界面

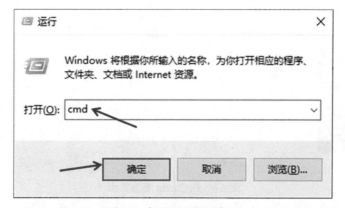

图 6.3　打开"运行"窗口

图 6.4　命令行窗口

在打开的命令行(控制台)窗口输入"python"，如果显示如图 6.4 所示窗口，说明安装成功。

(2) 进入 https://www.jetbrains.com/pycharm/download/#section=windows 官网下载页面，下载 PyCharm 安装程序，如图 6.5 所示。

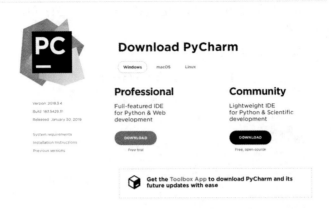

图 6.5 PyCharm 下载页面

下载完成后，打开下载文件所在的目录，双击下载的安装文件，进入 PyCharm 的安装引导过程，依次按照提示完成安装过程，如图 6.6 所示。

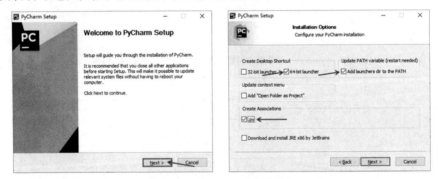

图 6.6 PyCharm 安装界面

(3) 找到新安装的 Python 3.5.3，运行 IDLE，进入如图 6.7 所示的集成开发环境。

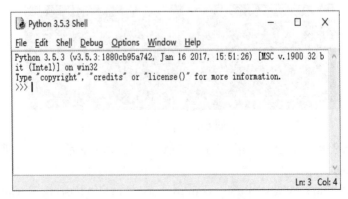

图 6.7 Python 集成开发环境

① 在"〉〉〉"提示符后输入代码：print("Hello，World!")，按回车键，就可以得到运行结果。

② 在 IDLE 中选择"File"→"New File"，在打开的窗口中输入以下代码，功能是输入一个正整数 N，计算从 1 到 N(包含 1 和 N)的累加和。

```
n=input("请输入一个正整数 N：")
s=0
for i in range(int(n)):
    s+=i+1
print ("1 到 N 累加的和为：",s)
```

选择"File"→"Save"，把这个文件保存为"实 6.1"，选择"Run"→"Run Module"，得到如图 6.8 所示的运行结果。

图 6.8　　"实 6.1"运行结果

③ 在 IDLE 中选择"File"→"New File"，在打开的窗口中输入以下代码，功能是绘制奥运五环。选择"File"→"Save"，把这个文件保存为"实 6.2"，选择"Run"→"Run Module"，得到如图 6.9 所示的运行结果。

图 6.9　　"实 6.2"运行结果

代码如下：

```python
import turtle
x = -300
y = 50
r = 60
turtle.penup()
#第一个圈，蓝色
turtle.goto(x, y)
turtle.pendown()
turtle.pensize(15)
turtle.pencolor('blue')
turtle.circle(r)
turtle.penup()
#第二个圈，黑色
turtle.goto(x + 2.5 * r , y)
turtle.pendown()
turtle.pensize(15)
turtle.pencolor('black')
turtle.circle(r)
turtle.penup()
#第三个圈，红色
turtle.goto(x + 2.5 * r * 2 , y)
turtle.pendown()
turtle.pensize(15)
turtle.pencolor('red')
turtle.circle(r)
turtle.penup()
#第四个圈，黄色
turtle.goto(x + (2.5 * r) * 0.5 , y - r)
turtle.pendown()
turtle.pensize(15)
turtle.pencolor('yellow')
turtle.circle(r)
turtle.penup()
#第五个圈，绿色
```

```
turtle.goto(x + (2.5 * r) * 0.5 + 2.5 * r, y - r)
turtle.pendown()
turtle.pensize(15)
turtle.pencolor('green')
turtle.circle(r)
turtle.penup()
turtle.done()
```

第7单元　Python 程序基本语法元素实验

实验 1　求学生的成绩等级

1. 实验目的

(1) 掌握利用计算机进行问题求解及程序设计的基本方法。

(2) 掌握 Python 语言的基本语法元素，包括缩进和对齐、注释、变量与命名、保留字、运算符与表达式、赋值、基本输入输出，了解分支语句、while 循环语句以及函数的简单应用。

2. 实验内容

考试结束后，希望根据学生的分数评定其成绩等级，要求编写程序，把分数大于或等于 90 分评定为 A 级，60~89 分评定为 B 级，60 分以下评定为 C 级。要求可以多次输入分数进行成绩评定，直到按"#"号结束。

3. 实验步骤及操作指导

1) 分析问题

分析哪些问题属于计算问题，可以用计算的方法来解决。在此问题中，学生的考试分数可以和某些数值进行大小比较，即进行关系运算，以此来判断学生的分数位于哪个成绩区间，从而评定出成绩等级。

2) 确定输入、处理、输出

此问题的输入是学生的分数，处理阶段进行分数的比较和判断，输出学生的成绩等级。

3) 设计算法

首先利用 input 语句获得学生的分数，注意这里需要用 float 函数把字符型的值转换成数值型(小数)，然后利用 if-elif-else 语句进行分数的比较和判断，最后利用 print 语句输出学生的成绩等级。程序的外层使用 while 循环语句实现多次分数的输入和成绩的评定。

4) 编写程序

```
#求学生的成绩等级
score=input("请输入学生的分数：")
while score!="#":        #如果输入的不是"#"号则开始执行循环
    score=float(score)      #把输入的字符转换为数字(小数)
    #输入的分数在 0 到 100 之间有效
    if score>=0 and score<=100:
        if score>=90:       #分数大于等于 90 且小于等于 100
            grade="A"
        elif score>=60:     #分数大于等于 60 且小于 90
            grade="B"
        else:               #分数小于 60
            grade="C"
    else:      #输入的分数小于 0 或者大于 100 则无效
        print("输入的分数无效！")
        score= input("请重新输入学生的分数：")
        continue
    print("{}分为{}级".format(score,grade))
    score= input("请输入学生的分数：")
```

5) 调试与测试程序

在 IDLE 环境中输入程序，并反复多次运行与调试程序，改正程序中的错误，直到程序得到正确的结果。

运行结果如图 7.1 所示。

```
请输入学生的分数：95
95.0分为A级
请输入学生的分数：88
88.0分为B级
请输入学生的分数：55
55.0分为C级
请输入学生的分数：150
输入的分数无效！
请重新输入学生的分数：90
90.0分为A级
请输入学生的分数：#
>>> |
```

图 7.1　程序运行结果(实验 1)

实验 2　Turtle 绘图

1. 实验目的

(1) 掌握 Python 标准库的引用方法。
(2) 掌握 Python 绘图的基本命令和方法。

2. 实验内容

(1) 利用 Python 库中的函数或命令绘制太阳花。
(2) 利用 Python 库中的函数或命令绘制颜色随机的彩色变换线条。

3. 实验步骤及操作指导

1) 绘制太阳花

使用画笔运动、画笔控制等函数绘制图形。在 IDLE 环境中输入以下程序,并反复多次运行与调试。

```
#绘制太阳花
import turtle    #引用 turtle 库
turtle.setup(500,400)    #设置绘图区大小为 500*400
#设置画笔颜色为红色, 填充色为黄色
turtle.color('red','yellow')
turtle.begin_fill()    #填充开始
do=True    #循环变量赋初值 True
while do:
    turtle.forward(200)    #画笔以当前方向前进 200 像素
    turtle.left(170)    #画笔逆时针旋转 170 度
    #当前画笔坐标的绝对值若小于1, 表示此时画笔终点与起点重合
    if abs(turtle.pos()) < 1:
        do=False    #画笔终点与起点重合时结束绘制
turtle.end_fill()    #填充结束
turtle.done()    #绘图结束
```

运行结果为如图 7.2 所示。

2) 绘制颜色随机的彩色变换线条

使用画笔运动、画笔控制等函数绘制图形。在 IDLE 环境中输入以下程序,并反复多次运行与调试。

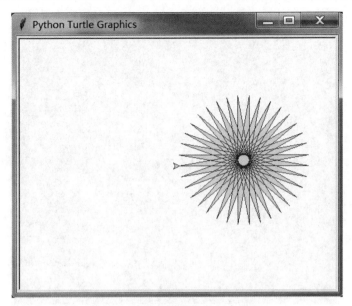

图 7.2　程序运行结果(绘制太阳花)

#绘制颜色随机的彩色变换线条

```
import turtle  #引用turtle库
#引用turtle库及其中的randint函数(产生随机整数)
from random import randint
turtle.hideturtle()  #隐藏画笔
turtle.speed(0)    #绘图速度设置为最快
turtle.bgcolor("black")    #设置绘图区背景色为黑色
turtle.goto(-25,25)    #移动画笔至坐标(-25,25),让图案居中
turtle.colormode(255)    #设置颜色模式为真彩色模式
count=0
while count<500:
    turtle.pencolor(randint(0,255),randint(0,255),\
    randint(0,255))    #画笔颜色随机
    turtle.forward(50+count)    #画笔前进
    turtle.right(91)    #画笔顺时针旋转91度
    count+=1
turtle.done()
```

运行结果如图 7.3 所示。

图 7.3　程序运行结果(绘制颜色随机的彩色变换线条)

做了以上两个绘图练习，我们可以举一反三，精心设计，反复尝试，绘制出更多、更漂亮的图形。

习　　题

一、选择题

1. 以下不能通过缩进包含其他代码的语法形式有：

A. 判断　　　　　　　B. 函数　　　　　　　C. 循环　　　　　　　D. print()语句

2. 以下哪种符号能作为注释的标识符号？

A. *或#　　　　　　　B. #或'''　　　　　　C. '''或&　　　　　　D. "或'

3. 以下哪项不是注释的用途？

A. 参与程序执行　　　　　　　　　　B. 标明作者和版权信息

C. 解释代码原理或用途　　　　　　　D. 辅助程序调试

4. 以下哪项是错误的变量名？

A. Tempstr　　　　　　B. Temp_str　　　　　C. Temp str　　　　　D. _Tempstr3_

5. 以下哪项可以理解为一组表达特定功能表达式的封装？

A. 集合　　　　　　　B. 序列　　　　　　　C. 函数　　　　　　　D. 元组

二、填空题

1. 算法是数学和计算领域的概念，指完成特定计算的一组(　　)操作。

2. Python 语言采用严格的(　　)来表明程序的格式框架，它是每一行代码开始前的空白区域，用来表示代码间的包含和层次关系。

3. (　　)是程序代码中的一行或多行信息，用于对语句、函数、数据结构或方法进行说明，提升代码的可读性。

4. (　　)是字符的序列，可以按照单个字符或多个字符片断进行索引。

5. (　　)函数用于获得用户输入，无论输入什么内容，它都以字符串类型返回结果。

三、编程题

1. 有一个游戏，只有 10～12 岁的男孩可以参加，请编写一个程序，输入性别和年龄，判断是否满足游戏条件。要求可以多次输入，按"#"号结束。

2. 请使用 turtle 库的 turtle.pencolor、turtle.seth、turtle.fd 等函数绘制一个边长为 200 的红色等边三角形。

3. 请使用 turtle 库的 turtle.pencolor、turtle.circle 函数和循环语句绘制若干个蓝色的圆，最大圆的半径为 150，其余圆的半径依次减小 50，效果如图 7.4 所示。

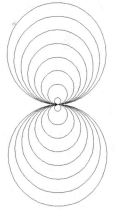

图 7.4　程序运行结果(习题)

第8单元　程序的控制结构实验

实验　程序控制结构

1. 实验目的

(1) 掌握程序的顺序、分支和循环结构。

(2) 熟练应用分支和循环结构的语句。

(3) 掌握循环中跳转语句的使用。

(4) 掌握程序的异常处理流程。

(5) 掌握 datetime 库的使用。

2. 实验内容

(1) 编写程序，要求输入三个数，按从小到大的顺序输出。

(2) 编写程序，和计算机猜石头剪刀布。输入 1 代表剪刀，2 代表石头，3 代表布。

(3) 编写程序，求出两个整数的最大公约数和最小公倍数。提示：求最大公约数可用辗转相除法，求最小公倍数则用两个数的积除以最大公约数即可。

(4) 输出所有的三位水仙花数，其各位数字立方和等于该数本身。

(5) 使用异常处理猜数字游戏。随机生成 1～100 的整数，比较用户输入和计算机生成的随机数，若相等，则用户猜中数字；若输入非数值，则提示并处理异常。

(6) datetime 库实验。

3. 实验步骤及操作指导

(1) 编写程序，要求输入三个数，按从小到大的顺序输出，实验步骤及操作指导如下：

① 使用 input 语句输入三个数，分别存储在三个变量中，并且用 int 函数将其转换为整型。

② 首先比较 a、b 两个数的大小，将大的数值存储在 b 中，将小的数值存储在 a 中。

③ 将存储在 a 中小的数值与 c 比较，小的数值存储在 a 中。

④ 将存储在 b 中大的数值与 c 比较，大的数值存储在 c 中。

⑤ 按从小到大的顺序输出 a、b、c。

程序示例：

```
a = int(input('a = '))
b = int(input('b = '))
c = int(input('c = '))
if a > b:
    a, b = b, a
if a > c:
    a, c = c, a
if b > c:
    c, b = b, c
print(a, b, c)
```

(2) 编写程序，和计算机猜石头剪刀布。规则：石头打剪刀，布包石头，剪刀剪布。输入 1 代表剪刀，2 代表石头，3 代表布。实验步骤及操作指导(表 8.1)如下：

① 引入随机库的 randint 函数，随机生成整数，并且用 int 函数将其转换为整型。

② 循环开始，用户使用 input 语句输入 1 个整数(范围为 1、2、3)，存储变量值；使用 randint 函数随机生成 1~3 的整数，存储变量值，并提示输出。

③ 比较用户输入和计算机生成的两个数代表的意义，判断输赢。

表 8.1　和计算机猜石头剪刀布游戏结果列举

用户 计算机	剪刀(1) scissor	石头(2) stone	布(3) handkerchief
剪刀(1)scissor	平局	用户赢	计算机赢
石头(2)stone	计算机赢	平局	用户赢
布(3)handkerchief	用户赢	计算机赢	平局

④ 应用 if-elif-else 多分支语句列举比赛结果。

⑤ 提示用户是否想要退出游戏，输入 N 继续游戏，继续循环判断；输入 Y 退出游戏，循环结束。

程序示例如下：

```
from random import randint
while True:
    user_guess = int(input("1--scissor,2--stone,3--handkerchief:"))
    cm_guess = randint(1, 3)
```

```
print("computer is ",cm_guess)
if user_guess == cm_guess:
    print("No one lose")
elif user_guess == 1 and cm_guess == 3:
    print("user win")
elif user_guess == 2 and cm_guess == 1:
    print("user win")
elif user_guess == 3 and cm_guess == 2:
    print("user win")
else:
print("computer win")
ends=input("Do you want exit? Input N to continue, or\
        Y to exit:")
if ends=="Y" or ends=="y":
    break
```

(3) 编写程序,求出两个整数的最大公约数和最小公倍数。提示:求最大公约数可用辗转相除法,求最小公倍数则用两个数的积除以最大公约数即可。实验步骤及操作指导如下:

① 设定 2 个变量 M 和 N,使得 a 为 M 和 N 的较大数,b 为 M 和 N 的较小数。

② 辗转相除。设定第 3 个变量 c,c=a%b。

③ 判断变量 b 的值是否等于 0,若 b 不等于 0,则进入循环,使得 a=b,b=c;若 b 等于 0,则退出循环,程序结束。

④退出循环,则 a 为 M 和 N 的最大公约数。M*N/a 为 M 和 N 的最小公倍数。

程序示例如下:

```
def main():
    M=eval(input("【请输入一个整数:】"))
    N=eval(input("【请输入另一个整数:】"))
    a=M
    b=N
    if a<b:
        t=a
        a=b
        b=t
    while b!=0:
        c=a%b
```

```
        a=b
        b=c
    print("{}和{}的最大公约数是{}".format(M,N,a))
    print("{}和{}的最小公倍数是{:.0f}".format(M,N,M*N/a))


if __name__ == '__main__':
    main()
```

(4) 输出所有的三位水仙花数，其各位数字立方和等于该数本身。实验步骤及操作指导如下：

① 设置变量 num1 存储三位数的初值 100，设置变量 sum1 存储这个三位数的各位数字立方和。

② num1//100 可以得到百位上的数字，(num1 % 100) // 10 可以得到十位上的数字，num1 % 10 可以得到个位上的数字。

③ 循环开始，若 num1<1000，则比较 num1 和 sum1 是否相等，若相等，则 num1 为三位水仙花数；若不相等，则 num1 加 1，继续比较下一个 num1 和其各位数字立方和。

程序示例一：

```
num1 = 101
sum1 = 0
while num1 < 1000:
    sum1 = (num1//100)**3 + ((num1%100)//10)**3 + (num1%\
10)**3
    if sum1 == num1:
        print(sum1 ,end="   ")
    num1 += 1
```

程序示例二：

```
sum1= 0
for i in range(100,1000):
    sum1 = (i // 100) ** 3 + ((i % 100) // 10) ** 3 + (i %\
10) ** 3
    if sum1 == i:
        print(i,end="   ")
```

(5) 使用异常处理猜数字游戏。随机生成 1～100 的整数，比较用户输入和计算机生成的随机数，若相等，则用户猜中数字；若输入非数值，则提示并处理异常。实验步骤及操作指导如下：

① 设置用户猜中数字标识为 True，循环开始。

② 引入 random 库的 randint 函数，随机生成 1～100 的整数。

③ 使用 input 语句输入一个数，并且用 int 函数将其转换为整型。若输入非数值，则提示并处理异常。

④ 比较用户输入和计算机生成的随机数，若相等，则设置用户猜中数字标识为 True，循环结束；若不相等，则提示比较大小。

程序示例如下：

```
import random
flag = False
result = random.randint(1,101)
while (flag == False):
    try:
        number = int(input('Input your number:'))
        if number == result:
            print('bingo! you win')
            flag = True
        elif number > result:
            print('you have big number!')
        else:
            print('you have small number!')
    except:
        print('please input integer!')
```

(6) datetime 库的使用。

① datetime 模块中包含的常量如表 8.2 所示。

表 8.2　datetime 模块中包含的常量

常量	功能说明	用法	返回值
MAXYEAR	返回能表示的最大年份	datetime.MAXYEAR	9999
MINYEAR	返回能表示的最小年份	datetime.MINYEAR	1

程序示例如下：

```
>>> import datetime
>>> datetime.MAXYEAR
>>> datetime.MINYEAR
```

② date 对象由 year(年份)、month(月份)及 day(日期)三部分构成，即 date(year, month, day)。date 对象中用于日期比较的方法如表 8.3 所示。

表 8.3　date 对象中用于日期比较的方法

方法名	方法说明	用法
__eq__(…)	等于(x==y)	x.__eq__(y)
__ge__(…)	大于等于(x>=y)	x.__ge__(y)
__gt__(…)	大于(x>y)	x.__gt__(y)
__le__(…)	小于等于(x<=y)	x.__le__(y)
__lt__(…)	小于(x<y)	x.__lt__(y)
__ne__(…)	不等于(x!=y)	x.__ne__(y)
__sub__(…)	x-y	x.__sub__(y)
__rsub__(…)	y-x	x.__rsub__(y)

程序示例如下：

```
>>> from datetime import date
>>> date.today()        #返回当前日期
>>> a = datetime.date.today()
>>> a
>>> a.year
>>> a.month
>>> a.day
>>> a.__getattribute__('year')
>>> a.__getattribute__('month')
>>> a.__getattribute__('day')
>>> a1=datetime.date(2019,3,1)
>>> b1=datetime.date(2019,3,15)
>>> a1.__eq__(b1)
>>> a1.__ge__(b1)
>>> a1.__sub__(b1).days
>>> a1.__rsub__(b1).days
>>># isoformat(...):返回符合 ISO 标准(YYYY-MM-DD)的日期字符串
>>> c1 = datetime.date(2019,3,22)
>>> c1.isoformat()
>>># fromtimestamp(...): 根据给定的时间戳，返回一个 date 对象
>>> d1=datetime.datetime.now()
>>> d1.time()
```

```
>>> datetime.date.fromtimestamp(941201)
>>># __format__(...)方法：将日期对象转化为指定格式进行字符串输出
>>> c2 = datetime.date(2019,3,22)
>>> c2.__format__('%Y-%m-%d')
>>> c2.__format__('%Y/%m/%d')
```

③ time 类由 hour(小时)、minute(分钟)、second(秒)、microsecond(毫秒)和 tzinfo 五部分组成，即 time([hour[, minute[, second[, microsecond[, tzinfo]]]]])。

程序示例如下：

```
>>> c3 = datetime.time(11,25,36, 99)
>>> c3.hour
>>> c3.minute
>>> c3.second
>>># max: 最大的时间表示数值
>>> datetime.time.max
>>># min: 最小的时间表示数值
>>> datetime.time.min
>>> c4 = datetime.time(11,25,36, 99)
>>> c4.__format__('%H:%M:%S')
```

④ datetime 类其实可以看成 date 类和 time 类的合体，其大部分方法和属性都继承于这两个类，datetime 类数据构成也是由这两个类所有的属性组成的。

程序示例如下：

```
datetime(year,month,day[,hour[,minute[,second[,microsecond\
[,tzinfo]]]]]])
>>> c5 = datetime.datetime.now()
>>> c5.date()
>>> c5.time()
```

习　　题

一、填空题

1. 关于程序的控制结构，_____结构只有一个入口。

2. 可以终结一个循环的关键字是_____。

3. Python 通过_____来判断操作是否在分支结构中。

4. Python 中通过 try-except 语句提供_____功能。

5. 关于死循环，"死循环有时候对编程有一定作用"，这个观点是_____的。

6. 以下 while 循环的循环次数是_____。

```
i=0
while(i<10):
    if(i<1):continue
    if(i==5):break
    i+=1
```

7. Python 无穷循环 while true:的循环体中可用_____语句退出循环。

8. 下列 Python 程序段执行的结果是_____。

```
for s in "PYTHON":
    if s=="T":
        continue
    print(s, end="")
```

9. 下列 Python 程序段执行的结果是_____。

```
for s in "PYTHON":
    if s=="T":
        break
print(s, end="")
```

10. 当 x=0,y=50 时，语句 z=x if else y 执行后，z 的值是_____。

二、单选题

1. 循环结构可以使用 Python 语言中(　　)语句实现。

A. print　　　　　　B. while　　　　　　C. loop　　　　　　D. if

2. 使用 random 库中的(　　)函数能随机选取 0 到 100 间的奇数。

A. randint(0,100)　　　　　　　　B. randrange(1,100,2)

C. uniform(0,100)　　　　　　　　D. random()

3. 在编写 Python 程序代码时，可以使用(　　)符号将很长的一行代码分解为多行书写。

A. #　　　　　　　B. '　　　　　　　C. /　　　　　　　D. \

4. 下面不是 while 循环的特点的是(　　)。

A. 提高程序的复用性

B. 能够实现无限循环

C. 如果不小心会出现死循环

D. 必须提供循环的次数

5. 如果 Python 程序运行时进入了死循环，在 IDLE 环境中，可以使用(　　)

退出程序运行。

    A. Ctrl+C　　　　　B. Ctrl+X　　　　　C. Ctrl+Shift　　　　D. Alt+B

6. 执行下列 Python 语句后的显示结果是(　　)。

```
x=2
y=2.0
if(x==y):print("Equal")
else:print("Not Equal")
```

A. Equal　　　　　B. Not Equal　　　　C. 编译错误　　　　D. 运行时错误

7. 下面程序段求 x 和 y 中的较大数，不正确的是(　　)。

A. maxNum=x if x>y else y

B. maxNum=math.max(x,y)

C. if(x>y):maxNum=x

   else:maxNum=y

D. if(y>=x):maxNum=y

    maxNum=x

8. 设有程序段 k=10;while(k):k=k-1，则下面描述中正确的是(　　)。

A. while 循环执行 10 次

B. 循环是无限循环

C. 循环体语句一次也不执行

D. 循环体语句执行一次

9. 以下 for 语句中，不能完成 1～10 的累加功能的是(　　)。

A. for i in range(10,0,-1):sum+=i

B. for i in range(1,11):sum+=i

C. for i in range(10,-1):sum+=i

D. for i in (10,9,8,7,6,5,4,3,2,1):sum+=i

10. 下列 while 循环执行的次数为(　　)。

```
k=1000
while k>1:
    print(k)
    k=k/2
```

A. 9　　　　　　　B. 10　　　　　　　C. 11　　　　　　　D. 1000

第9单元　数据类型实验

实验1　复率的计算

1. 实验目的

(1) 掌握用 import 导入模块。

(2) 掌握 format 函数。

(3) 掌握 math.pow 的应用。

2. 实验内容

(1) 在给定年利率下，分别计算连续复率和固定利率下的投资收益。

(2) 在给定年利率下，连续复率和固定利率下贷款的还款总金额。

3. 实验步骤及操作指导

1) 问题分析和编程指导 1

(1) 连续复率下投资收益的 Python 计算方法。

已知年复合利率为 r，投资天数为 n，投资总额为 A 元，求投资收益。

投资收益的数学表达式为

$$S = A(1 + r/365)^n - A$$

Python 程序如下：

```
r=float(input("请输入年复合利率："))
n=float(input("请输入投资天数："))
A=float(input("请输入投资总额："))
import math
S=A*math.pow((1+r/365),n)-A
print("投资收益为{:.2f}".format(S))
```

(2) 固定利率下的投资收益的 Python 计算方法。

已知年利率为 r，投资天数为 n，投资总额为 A 元，求投资收益。

投资收益的数学表达式为

$$S = A(r/365)n$$

Python 程序如下：

```
r=float(input("请输入年利率："))
n=float(input("请输入投资天数："))
A=float(input("请输入投资总额："))
S=A*(r/365)*n
print("投资收益为{:.2f}".format(S))
```

2) 问题分析和编程指导 2

(1) 年复合利率下的还款总金额。

年复合利率为 r，贷款年限为 n，贷款总额为 A，连续复率贷款下的还款总金额数学表达式为

$$S=A(1+r/365)^n$$

连续复率贷款下的月平均还款金额的数学表达式为

$$S=A(1+r/365)^n/12$$

Python 程序如下：

```
r=float(input("请输入年复合利率："))
y=float(input("请输入贷款年限："))
A=float(input("请输入贷款总额："))
n=y*365
import math
S=A*math.pow((1+r/365),n)
S1=(A*math.pow((1+r/365),n))/12
print("还款总金额为{:.2f}".format(S))
print("月均还款金额为{:.2f}".format(S1))
```

(2) 固定利率下的还款总金额。

固定利率下还款总金额的计算公式为

$$S=A(1+(r/365)n)$$

Python 程序如下：

```
r=float(input("请输入年利率："))
y=float(input("请输入贷款年限："))
A=float(input("请输入贷款总额："))
n=y*365
S=A*(1+(r/365)*n)
print("还款总金额为{:.2f}".format(S))
```

实验 2 Python 基本计算

1. 实验目的

(1) 掌握时间库的调用及应用。

(2) 掌握用 Python 计算一元二次方程根的方法。

(3) 掌握用 Python 计算三角形面积的方法。

2. 实验内容

(1) 年龄的计算。

(2) 计算一元二次方程的根。

(3) 通过任意三角形的底和高，求三角形的面积。

(4) 通过任意三角形的三个边长，求三角形的面积。

(5) 通过三角形的一条边 a 和另一条边 b，以及它们的夹角 C，计算三角形的面积。

(6) 通过三角形的一条边 c 和与这条边相邻的两个夹角 A 和 B，计算三角形的面积。

3. 实验步骤及操作指导

1) 问题分析和编程指导 1

年龄的计算是用现在的年份减去出生的年份，因此要调用 datetime 库，程序如下：

```
n=input("请输入您的姓名：")
b=int(input("请输入您的出生年份："))
import datetime
a=int(datetime.date.today().year-b)
print("您输入的年龄为{:}".format(a))
```

2) 问题分析和编程指导 2

计算 $ax^2+bx+c=0$ 的一元二次方根

$$x1 = \frac{-b + \sqrt{b^2 - 4ac}}{2a}$$

$$x2 = \frac{-b - \sqrt{b^2 - 4ac}}{2a}$$

Python 程序如下：

```
a=float(input("请输入 a 的数值: "))
b=float(input("请输入 b 的数值: "))
c=float(input("请输入 c 的数值: "))
x1=(-b+sqrt(b**2-4*a*c)/(2*a)
x2=(-b-sqrt(b**2-4*a*c)/(2*a)
print("x1={:.2f}".format(x1))
print("x2={:.2f}".format(x2))
```

3) 问题分析和编程指导 3

满足三角形的判断条件是：三边均大于零，且任意两边之和大于第三边。三个内角均大于零，且三个内角之和等于 180 度。

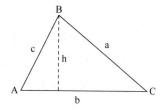

通过三角形的底和高，求三角形的面积。

已知三角形的底为 b，高为 h，由三角形的面积公式 S=bh/2 计算。

Python 程序如下：

```
b=float(input("请输入三角形的底的大小: "))
h=float(input("请输入三角形的高的大小: "))
S=b*h/2
print("三角形的面积为 S={:.2f}".format(S))
```

4) 问题分析和编程指导 4

通过任意三角形的三个边长，求三角形的面积。

满足三角形的判断条件是：三边均大于零，且任意两边之和大于第三边。

数学公式：设已知 a、b、c 为三角形的三个边，则三角形的面积公式为

$$S = \sqrt{n(n-a)(n-b)(n-c)}$$

其中，n=(a+b+c)/2。

Python 程序如下：

```
a= float (input("请输入 a 的数值: "))
b= float (input("请输入 b 的数值: "))
c= float (input("请输入 c 的数值: "))
import math
n=(a+b+c)/2
```

```
S=math.sqrt(n*(n-a)*(n-b)*(n-c))
print("三角形的面积 S={:.2f}".format(S))
```

5) 问题分析和编程指导 5

通过三角形的一条边 a 和另一条边 b，以及它们的夹角 C，计算三角形的面积。

由三角形的面积公式 $S=\dfrac{ab(\sin(C))}{2}$ 计算。

Python 程序如下：

```
a= float (input("请输入 a 的数值: "))
b= float (input("请输入 b 的数值: "))
C= float (input("请输入 C 的数值: "))
import math
S=(a*b/2)*math.sin(C)
print("三角形的面积 S={:.2f}".format(S))
```

实验 3　程序开发应用

1. 实验目的

(1) 掌握用 Python 方法计算飞机跑道的长度。
(2) 掌握用 Python 方法计算石子平抛运动的水平距离。
(3) 掌握用 Python 方法判断星期几。

2. 实验内容

(1) 已知飞机的起飞速度 v(m/s)和加速度 $a(m/s^2)$，编写程序求飞机跑道的长度。

(2) 已知石子平抛运动的高度为 h(m)，初速度 v_0(m/s)和重力加速度 $g(m/s^2)$，编写程序求石子平抛运动的水平距离。

(3) 编写一个程序，当输入一个年月日的日期时，可以判断是星期几。其中 Y(年)、M(月)、D(日)分别作为参数输入。输出 0 表示星期日，1 表示星期一，2 表示星期二，3 表示星期三，4 表示星期四，5 表示星期五，6 表示星期六(采用公历)。

3. 实验步骤及操作指导

1) 问题分析和编程指导 1

已知飞机的起飞速度 v(m/s)和加速度 $a(m/s^2)$，编写程序求飞机跑道的长度。

公式为 $v^2 = 2aS$ ，则 $S = \dfrac{v^2}{2a}$ 。

Python 程序如下:

```
v= float (input("请输入飞机起飞速度: "))
a= float (input("请输入飞机的加速度: "))
S= (v**2)/(2*a)
print("飞机的跑道长度 S={:.2f}".format(S))
```

2) 问题分析和编程指导 2

已知石子平抛运动的高度 h(m)、初速度 v_0(m/s)和重力加速度 g(g=9.8m/s^2)，编写程序求石子平抛运动的水平距离。

公式为 $h = \dfrac{1}{2}gt^2$, $S = v_0 t$, $S = v_0\sqrt{\dfrac{2h}{g}}$ 。

Python 程序如下:

```
v0= float (input("请输入石子的初速度: "))
h= float (input("请输入石子的高度: "))
import math
S=v0*math.sqrt((2*h)/9.8)
print("飞机的跑道长度 S={:.2f}".format(S))
```

3) 问题分析和编程指导 3

编写一个程序,当输入一个年月日的日期时,可以判断是星期几。其中 Y(年)、M(月)、D(日)分别作为参数输入。输出 0 表示星期日, 1 表示星期一, 2 表示星期二, 3 表示星期三, 4 表示星期四, 5 表示星期五, 6 表示星期六(采用公历)。

采用下列公式计算:

$$A=Y-(14-M)/12$$
$$X=A+A/4-A/100+A/400$$
$$B=M+12*((14-M)/12)-2$$
$$C=(D+X+(31*B)/12)\%7$$

Python 程序如下:

```
Y= int(input("请输入年份: "))
M= int(input("请输入月份: "))
D= int(input("请输入日期: "))
A=Y-(14-M)/12
X=int(A+A/4-A/100+A/400)
B=M+12*((14-M)/12)-2
```

```
C=int((D+X+(31*B)/12)%7)
print("输入的日期是星期{}".format(C))
```

习　题

一、判断题(正确在括号内打√，错误在括号内打×)。

1. Python 中将带小数点的数字都称为浮点数。(　　　)

2. 整型是指正整数或负整数、无小数点。(　　　)

3. 以 0B 开头的称为二进制数，0B 叫引导符，B 只能大写，不能小写。(　　　)

4. 通过 type(数字)可以判断对应的数字类型。(　　　)

5. Python 中将带小数点的数字都称为浮点数，浮点数不能使用科学计数法表示。(　　　)

6. complex(x)将 x 转换为一个复数，实数部分为 x，虚数部分为空。(　　　)

7. 逻辑与运算符，如果两个操作数一个是真，一个是假，那么结果为真。(　　　)

8. 字符串最常用的描述方法是用一对单引号或者一对括号括起的系列字符。(　　　)

9. 字符串操作符(+)，起到连接字符串的作用。(　　　)

10. 检查两个操作数的值是否不相等的运算符是!=，如果不相等则结果为 False。(　　　)

二、填空题

1. Python 表达式 10+5//3 的值为_____。

2. Python 表达式 3**2**3 的值为_____。

3. Python 表达式 3*4**2/8%5 的值为_____。

4. Python 包含 3 种数据类型，分别是(　　)、浮点类型和复数类型。

5. Python 的布尔(bool)数据类型用于_____运算。

6. 复数的实部可以通过_____取出。

7. 复数的虚部可以通过_____取出。

8. True or False 结果是_____。

9. 如果要实现从字符串中提取部分字符，可以使用操作符_____截取字符串中的一部分。

10. Python 的字符串列表有两种顺序：①从左到右排列默认_____开始的，最大范围是字符串长度减 1。②从右到左默认_____开始的。

三、选择题

1. 下列数据类型中，Python 不支持的是(　　)。

A. char　　　　　　　　B. int　　　　　　　　C. float　　　　　　　D. list

2. Python 语句 print(type(2j))的输出结果是(　　)。

A. <class'complex'>　　　　　　　　　　　　B. <class'int'>

C. <class'floa'> t　　　　　　　　　　　　D. <class'dict'>

3. Python 语句 print(type(1/2))的输出结果是(　　)。

A. <class'int'>　　　　　　　　　　　　　　B. <class'number'>

C. <class'floa'> t　　　　　　　　　　　　D. <class'double'>

4. Python 语句 x='car' ;y=2;print(x+y)的输出结果是(　　)。

A. 语法错　　　　　　　B. 2　　　　　　　　C. 'car2'　　　　　　　D. carcar

5. Python 语句 print(chr(65))的运行结果是(　　)。

A. 65　　　　　　　　　B. 6　　　　　　　　C. 5　　　　　　　　D. A

6. 表达式 3*4**2 的值是(　　)

A. 144　　　　　　　　B. 48　　　　　　　　C. 24　　　　　　　　D. 36

7. 表达式 3**2//2**3 的值是(　　)

A. 256　　　　　　　　B. 1.125　　　　　　C. 1　　　　　　　　D. 0.125

8. 表达式 complex(9)的运行结果为(　　)

A. 9　　　　　　　　　B. 9j　　　　　　　　C. 9+0j　　　　　　　D. 9+j

9. 表达式 25%6*3 的运行结果为(　　)

A. 7　　　　　　　　　B. 3　　　　　　　　C. 6　　　　　　　　D. 4

10. 字符串"asdfghjkl"[3]的运行结果为(　　)

A. d　　　　　　　　　B. f　　　　　　　　C. j　　　　　　　　D. h

11. 字符串"ASDFGZXCVB"[1:4] 的运行结果为(　　)

A. 'ASD'　　　　　　　B. 'SDFG'　　　　　　C. 'ASDF'　　　　　　D. 'SDF'

12. 表达式 $\sqrt{25}//6*3$ 的运行结果为(　　)

A. 6.0　　　　　　　　B. 3.464　　　　　　C. 0.5　　　　　　　D. 0.6

13. 已知 X=2, Y=7, 则 $\sqrt{(X+Y)}*(X/Y)$ 的运行结果为(　　)

A. 1.258　　　　　　　B. 1.678　　　　　　C. 0.857　　　　　　D. 2.56

14. Python 表达式中，可以控制运算的优先顺序的是(　　)

A. ()　　　　　　　　　B. []　　　　　　　　C. {}　　　　　　　　D. <>

15. Python 中，$\dfrac{a+b^2}{3a+b}$ 正确的表达式是(　　)

A. (a+b**2)/3a+b　　　　　　　　　　　　B. (a+b**2)/(3*a+b)

C. a+b**2/(3a+b)　　　　　　　　　　　　D. (a+b**2)/(3a+b)

第 10 单元　组合数据类型实验

实验 1　英文词频统计

1. 实验目的

(1) 掌握组合数据类型的常用操作和函数。
(2) 掌握列表、字典的基本操作方法。
(3) 掌握使用列表、字典解决实际问题的方法。

2. 实验内容

读取一个英文文档，实现以下功能：
(1) 输出文档中出现的所有字母，并统计每个字母出现的次数。
(2) 输出文档中所有的单词，并找到出现频率最高的十个单词(程序设计过程中，忽略字母的大小写)。
(3) 输出一个英文词云图。

3. 问题分析和编程指导

(1) 读取文件，用到 open 函数，假设现在在默认文件夹下有英文文档，文件名为"The six swans.txt"，其部分内容如下：

Once on a time a king was hunting in a great wood, and he pursued a wild animal so eagerly that none of his people could follow him. When evening came he stood still, and looking round him he found that he had lost his way; and seeking a path, he found none. Then all at once he saw an old woman with a nodding head coming up to him; and it was a witch.

"My good woman," said he, "can you show me the way out of the wood?"
……

读取文件的语句如下：

```
testfile=open('The six swans.txt',"r")
```
(2) 文件成功读取之后，要完成各英文字母的统计，我们知道，英文字母一共是 26 个，有以下方案可以实现。
① 生成 26 个变量，每个变量对应一个字母，当读取过程中出现某个字母时，

其对应的变量增加 1。这种设计可以完成对字母的统计，但过程比较烦琐，大家可自行完成。

② 生成一个具有 26 个元素的列表，将每个字母转化为相应的索引值，如 a→0、b→1、c→2、…、z→25，当出现某个字母时，其索引对应的值加 1，这样也可以完成对字母的统计。

根据以上分析，建立一个"wc-1.py"文件，程序代码如下：

```
testfile=open("The six swans.txt","r")  #读取文件
word=testfile.read()  #read 函数以单个字符的方式来返回
ls=[0]*26  #新建一个有 26 个元素的列表
for i in word:
    if i.isalpha():   #判断读取的字符是否为字母
        x=i.lower()    #将读取的字母转化为小写
        ls[ord(x)-97]+=1
                    #将列表的索引值与字母的 ASCII 码对应起来
print(ls)
testfile. close()
```

输出结果如下：

```
[607, 118, 140, 472, 1098, 168, 162, 704, 444, 10, 87, 260,
153, 616, 601, 70, 18, 421, 452, 737, 220, 40, 271, 16, 128, 0]
```

从结果可以知道，字母 a 出现了 607 次，字母 b 出现了 118 次，…，字母 z 出现了 0 次。

利用字典的特性来处理，将字母作为键，而将字母出现的次数作为值，新建文件"wc-2.py"，代码如下：

```
testfile=open("The six swans.txt","r")#读取文件
word=testfile.read()  #read 函数以单个字符的方式来返回
dic={}
for i in word:
    if i.isalpha():   #判断读取的字符是否为字母
        x=i.lower()    #将读取的字母转化为小写
        if x in dic:
            dic[x]+=1
        else:
            dic[x]=1
print("本文档一共出现了%d 个字母"%len(dic),"统计如下:")
print(dic)
```

```
testfile. close()
```
输出结果如下：

本文档一共出现了 25 个字母，统计如下：

{'m': 153, 'b': 118, 'd': 472, 'p': 70, 'n': 616, 'e': 1098, 'o': 601, 'g': 162, 'l': 260, 'f': 168, 'q': 18, 'w': 271, 't': 737, 'y': 128, 'a': 607, 'j': 10, 'u': 220, 'k': 87, 's': 452, 'i': 444, 'c': 140, 'h': 704, 'x': 16, 'v': 40, 'r': 421}

从字典的输出可以看到每个字母及其出现的次数，在文档中没有出现的字母，如字母 z，就没有进行统计。因为从前面的学习中可以知道，字典是无序的，所以输出的结果也没有顺序，如果让输出的结果有序，可修改 print 语句，改为 print(sorted(dic.items ()))，则运行后，结果如下：

本文档一共出现了 25 个字母，统计如下：

[('a', 607), ('b', 118), ('c', 140), ('d', 472), ('e', 1098), ('f', 168), ('g', 162), ('h', 704), ('i', 444), ('j', 10), ('k', 87), ('l', 260), ('m', 153), ('n', 616), ('o', 601), ('p', 70), ('q', 18), ('r', 421), ('s', 452), ('t', 737), ('u', 220), ('v', 40), ('w', 271), ('x', 16), ('y', 128)]

从这个输出结果中可以很方便地看到每个字母在文档中出现的次数。

(3) 完成对文档中单词的词频分析。

词频分析，就是对某一或某些给定的词语在某文件中出现的次数进行统计分析。词频分析有哪些应用？例如，分析你最喜欢的作者的表达习惯是怎样的？判断一首诗是李白写的还是杜甫写的？分析红楼梦前八十回和后四十回到底是不是一个人写的？某小说的人物出场顺序是怎样的？大学英语四六级考试中经常出现的词语有哪些？毕业论文中是否存在过度引用的抄袭行为等。

对文档中单词的处理，可以分两步完成，第一步是完成对文档中每个单词的统计，程序代码如下：

```
testfile=open("The six swans.txt","r")   #读取文件
worddic={}    #新建一个空字典，用于存放单词和单词出现的次数
for line in testfile:
    sword=line.strip().split()
    for word in sword:
        if word in worddic:
            worddic[word]+=1
        else:
            worddic[word]=1
```

```
print("本文档出现了%d个不同的单词"%len(worddic),"统计如下:")
print(worddic)
testfile.close()
```

程序分析:如何得到一个文档中的单词,在这个英文文档中,以空格作为区分单词的标识,也就是说,两个空格之间的内容为一个单词(首单词和末单词除外),这个可用语句 sword=line.strip().split()来实现,由此产生一个单词列表。另外,本程序的设计思路是将单词作为字典 worddic 的键,将此单词出现的次数作为字典 worddic 的值。代码如下:

```
if word in worddic:
    worddic[word]+=1
else:
    worddic[word]=1
```

这条判断语句的作用是:如果在字典中有某个单词存在,就将此单词为键的值增加 1,如果单词不在字典中,那么就将该单词作为字典的一个键,此键的初始值设为 1。

输出结果如下:

本文档出现了 702 个不同的单词,统计如下:

```
{'fair': 1, 'he': 26, 'think': 1, 'morning': 1, 'heard':
1, 'time': 5, 'word!': 1, 'towards': 1, 'Who': 3, 'hard': 3,
'who': 1, 'very': 5, 'whole': 1, …, 'shudder': 1}
```

(注意:这里只是截取了一部分结果)。

从结果中可以知道文档中出现了哪些单词,以及每个单词出现的频率。在此基础上,第二步是对出现频率高的十个单词做处理。从程序中可以得知,此字典的输出形式为:单词(键):次数(值)。可以按前面所讲的字典的值排序的方法进行,将 print(worddic)语句改为 print(sorted(worddic.items(),key=lambda e:e[1],reverse=True))就可以按字典的值从大到小排列。结果如下:

本文档出现了 702 个不同的单词,统计如下:

```
[('the', 132), ('and', 107), ('to', 56), ('she', 50),
('her', 49), ('of', 36), ('a', 34), ('was', 32), ('had', 28),
('he', 26), ('in', 23), …,('home', 1)]
```

(注意:这里只是截取了一部分结果)。

现在介绍另外一种方法,将字典以(值,键)的形式转化为一个列表,利用列表的切片功能,就能很方便地取出出现频率最高的十个单词。转化代码如下:

```
fword=[]
for wd,fy in worddic.items():
```

```
    fword.append((fy,wd))
fword.sort(reverse=True) #将列表进行倒序排列
for wd in fword[:10]: #取列表中的前十项
    print(wd)
```

代码 fword.append((fy,wd))是将字典的(值，键)以元组的形式赋给列表 fword，成为此列表的一个元素。经过以上分析，新建文件"wc-3.py"，对单词处理的程序代码如下：

```
testfile=open("The six swans.txt","r")#读取文件
worddic={} #新建一个空字典，用于存放单词和单词出现的次数
for line in testfile:
    sword=line.strip().split()
    for word in sword:
        if word in worddic:
            worddic[word]+=1
        else:
            worddic[word]=1
sorted(worddic.items(),key=lambda e:e[1],reverse=True)
print("本文档出现了%d 个不同的单词"%len(worddic),"统计如下:")
print(sorted(worddic.items(),key=lambda e:e[1],\
        reverse=True))
print("本文档出现频率最高的十个单词为: ")
fword=[]
for wd,fy in worddic.items():
    fword.append((fy,wd))
fword.sort(reverse=True) #将列表进行倒序排列
for wd in fword[:10]: #取列表中的前十项
    print(wd)
testfile.close()
```

输出结果如下：

本文档出现了 702 个不同的单词，统计如下：

```
[('the', 132), ('and', 107), ('to', 56), ('she', 50),
('her', 49), ('of', 36), ('a', 34), ('was', 32), ('had', 28),
('he', 26), ('in', 23), …,('home', 1)]
```

本文档出现频率最高的十个单词为：

```
(132, 'the')
```

```
(107, 'and')
(56, 'to')
(50, 'she')
(49, 'her')
(36, 'of')
(34, 'a')
(32, 'was')
(28, 'had')
(26, 'he')
```

请同学们思考:如果有几个单词的出现频率是一样的,那么如何进行排序呢?

观察输出结果可以看到,高频单词多数是冠词、代词、连接词、介词等语法词汇,并不能代表文章的含义。进一步,可以采用集合类型构建一个排除词汇库 excludes,在输出结果中排除这个词汇库中的内容,排除词汇库 excludes 的代码如下:

```
excludes = {"the","The","and","of","you","my","in","she",\
"her","had","to","was","a","he","that"}   for word in excludes:
    del(worddic[word])
```

新建文件"wc-4.py",完整的程序代码如下:

```
testfile=open("The six swans.txt","r") #读取文件
excludes = {"the","The","and","of","you","my","in","she",\
"her","had","to","was","a","he","that"}
worddic={} #新建一个空字典,用于存放单词和单词出现的次数
for line in testfile:
    sword=line.strip().split()
    for word in sword:
        if word in worddic:
            worddic[word]+=1
        else:
            worddic[word]=1
for word in excludes:
    del(worddic[word])
print("本文档出现了%d 个不同的单词"%len(worddic),"统计如下:")
print(sorted(worddic.items(),key=lambda e:e[1],\
    reverse=True))
print("本文档出现频率最高的十个单词为: ")
fword=[]
```

```
for wd,fy in worddic.items():
    fword.append((fy,wd))
fword.sort(reverse=True) #将列表进行倒序排列
for i in range(10):#输出前十个高频单词
    count,word = fword[i]
    print ("{0:<10}{1:>5}".format(word, count))
testfile.close()
```

输出结果如下：

本文档出现频率最高的十个单词为：

```
king        21
for         20
as          18
not         17
his         17
but         17
they        15
no          15
on          14
would        12
```

再次输出仍然发现了很多语法词汇，如果希望排除更多的词汇，可继续增加 excludes 中的内容，最终得到一个满意的结果。

(4) 进一步的完善工作，考虑到在英文中的单词有大小写的区别，如 the、The、he、He 等，它们的意思实际上是一样的，为避免重复统计，可以先对读取的英文文本内容做一个大小写的转换，这里都统一为小写字母，同时将文中没有统计价值的一些特殊符号用空格替代，再介绍一种方法，新建文件"wc-5.py"，其代码如下：

```
excludes = {"the","and","of","you","my","in","she","her",\
"had","to","was","a","he","that"}
def getText():
    txt = open("The six swans.txt", "r").read()
                    #读取文本内容，作为字符串存在 txt 变量中
    txt = txt.lower() #将存在 txt 中的所有字符串转换为小写字母
    for ch in '!"#$%&()*+,-./:;<=>?@[\\]^_`{|}~':
        txt = txt.replace(ch, " ")
                        #将文本中特殊字符替换为空格
    return txt
```

```
sword = getText()
words = sword.split()
worddic = {}
for word in words:
    worddic[word] = worddic.get(word,0) + 1
for word in excludes:
    del(worddic[word])
items = list(worddic.items())    #利用 list 将字典转换为列表
items.sort(key=lambda e:e[1], reverse=True)
                                #对列表进行由大到小的降序排序
for i in range(10):
    word, count = items[i]
    print ("{0:<10}{1:>5}".format(word, count))
```

在 worddic[word] = worddic.get(word,0) + 1 这条代码中，字典类型的
worddic.get(word,0)方法表示：若 word 在 worddic 中，则返回 word 对应的值，若
word 不在 worddic 中，则返回 0。另外一种可以取得相同效果的代码表示如下：

```
if word in worddic:
    worddic[word]+=1
else:
    worddic[word]=1
```

同学们可自己比较"wc-4.py"和"wc-5.py"中两种方法的差异及输出结果的
不同。

(5) 在实现前几步要求的基础上，现在输出一个词云图。

词云图是数据分析中比较常见的一种可视化手段。词云图，又称文字云，是
对文本中出现频率较高的"高频词"予以直观且视觉化的展现，词云图可以过滤
掉大量的低频低质的文本信息，表现方式很友好，使得浏览者只要一眼扫过词云
图就可领略文本的主旨。

创建词云图需要用到第三方库，包括 wordcloud、numpy、PIL、matplotlib 等，
这些库直接使用 pip 安装即可，如 pip install wordcloud。

新建词云图文件"wc-6.py"，程序代码如下：

```
# 导入扩展库
import numpy as np    # numpy 数据处理库
import wordcloud    # 词云展示库
from PIL import Image    # 图像处理库
import matplotlib.pyplot as plt    # 图像展示库
```

```
#此处放置"wc-5.py"的程序代码
mask = np.array(Image.open('背景图.jpg'))    # 定义词频背景
wc = wordcloud.WordCloud(\
    background_color="white",\    # 设置背景颜色
    font_path='C:/Windows/Fonts/simhei.ttf',\  # 设置字体格式
    mask=mask,\    # 设置背景图
    max_words=200,\    # 最多显示词数
    max_font_size=100\    # 字体最大值
)
wc.generate_from_frequencies(worddic)    # 从字典生成词云
# 从背景图建立颜色方案
image_colors = wordcloud.ImageColorGenerator(mask)
# 将词云颜色设置为背景图方案
wc.recolor(color_func=image_colors)
plt.imshow(wc)    # 显示词云
plt.axis('off')    # 关闭坐标轴
plt.show()    # 显示图像
```

wordcloud 参数说明如下：

① font_path : string 表示字体路径，需要展现什么字体就把该字体路径+后缀名写上，如 font_path = '黑体.ttf'。

② width : int (default=400)表示输出的画布宽度，默认为 400 像素；height : int (default=200)表示输出的画布高度，默认为 200 像素。

③ prefer_horizontal : float (default=0.90)表示词语水平方向排版出现的频率，默认为 0.9(所以词语垂直方向排版出现频率为 0.1)。

④ mask : nd-array or None (default=None)表示若参数为空，则使用二维遮罩绘制词云。若 mask 非空，则设置的宽高值将被忽略，遮罩形状被 mask 取代。除全白(#FFFFFF)的部分将不会绘制，其余部分会用于绘制词云，如 bg_pic = imread ('读取一张图片.png')，背景图片的画布一定要设置为白色(#FFFFFF)，然后显示的形状为不是白色的其他颜色。可以用 PhotoShop 工具将自己要显示的形状复制到一个纯白色的画布上再保存。

⑤ scale : float (default=1)表示按照比例放大画布，如设置为 1.5，则长和宽都是原来画布的 1.5 倍。

⑥ min_font_size : int (default=4)表示显示的最小的字体大小。

⑦ font_step : int (default=1)表示字体步长，如果步长大于 1，会加快运算但是可能导致结果出现较大的误差。

⑧ max_words : number (default=200)表示要显示的词的最大个数。

⑨ stopwords : set of strings or None 表示设置需要屏蔽的词，若为空，则使用内置的 stopwords。

⑩ background_color:color value (default='black')表示背景颜色，如 background_color='white'代表背景颜色为白色。

⑪ max_font_size : int or None (default=None)表示显示的最大的字体大小。

⑫ mode : string (default='RGB')表示当参数为 RGB 并且 background_color 不为空时，背景为透明。

⑬ relative_scaling : float (default=.5)表示词频和字体大小的关联性。

⑭ color_func : callable, default=None 表示生成新颜色的函数，若为空，则使用 self.color_func。

⑮ regexp : string or None (optional)表示使用正则表达式分隔输入的文本。

⑯ collocations : bool, default=True 表示是否包括两个词的搭配。

⑰ colormap : string or matplotlib colormap, default='viridis'表示给每个单词随机分配颜色，若指定 color_func，则忽略该方法。

⑱ random_state : int or None 表示为每个单词返回一个图像处理库(PIL)颜色。

⑲ fit_words(frequencies)表示根据词频生成词云。

⑳ generate(text)表示根据文本生成词云。

㉑ generate_from_frequencies(frequencies[, ...])表示根据词频生成词云。

㉒ generate_from_text(text)表示根据文本生成词云。

㉓ process_text(text)表示将长文本分词并去除屏蔽词(此处指英语，中文分词还是需要自己用其他库先行实现，使用上面的 fit_words(frequencies))。

㉔ recolor([random_state, color_func, colormap])表示对现有输出重新着色，重新着色会比重新生成整个词云快很多。

㉕ to_array()表示转化为 numpy array。

㉖ to_file(filename)表示输出到文件。

输出结果分别如图 10.1 和图 10.2 所示。

如果不需要背景图，可以把以下几行代码删除或注释掉：

```
mask = np.array(Image.open('背景图.jpg')) # 定义词频背景
mask=mask, # 设置背景图
# 从背景图建立颜色方案
image_colors = wordcloud.ImageColorGenerator(mask)
# 将词云颜色设置为背景图方案
wc.recolor(color_func=image_colors)
```

则生成一个矩形，矩形的高度和宽度可以设置，输出结果如图 10.3 所示。

图 10.1　原图

图 10.2　有图片背景的词云图

图 10.3　无图片背景的词云图

实验 2　中文词频统计

1. 实验目的

(1) 掌握组合数据类型的常用操作和函数。

(2) 掌握处理中文信息的各类方法。

(3) 掌握列表、字典的基本操作方法。

(4) 掌握使用列表、字典解决实际问题的方法。

2. 实验内容

读取一个中文文档，实现以下功能：

(1) 输出文档中出现的所有汉字，并统计每个汉字出现的次数。

(2) 输出文档中所有的中文词语，并输出出现频率最高的十个词语。

(3) 输出一个中文词云图。

3. 问题分析和编程指导

(1) 读取文件，用到 open 函数，假设在默认文件夹下有中文文档，文件名为

"六只天鹅.txt",其部分内容如下:

从前,有一位国王在大森林里狩猎,他奋力追赶一头野兽,随从们却没有能跟上他。天色渐晚,国王停下脚步环顾四周,这才发现自己已经迷了路。他想从森林里出来,可怎么也找不到路。这时,国王看见一个不住地点头的老太婆朝他走来,那是个女巫。"您好,"国王对她说,"您能不能告诉我走出森林的路?""啊,可以,国王陛下,"女巫回答说,"我当然能告诉您,不过有个条件。要是您不答应的话,就永远休想走出森林,您会在森林里饿死的。"

"什么条件呢?"国王问道。

……

(2) 文件成功读取之后,要完成各个汉字的统计,单个汉字统计方法和英文字母统计不一样,有以下方案可以实现。\u4e00 和\u9fff 是 Unicode 编码,并且正好是中文编码的开始和结束的两个值,所以'\u4e00' <= s <= '\u9fff'正则表达式可以用来判断字符串中字符是否为中文汉字。

根据以上分析,建立一个"cwc-1.py"文件,程序代码如下:

```
def hz_count(str):
    hz=0
    for s in str:
        if '\u4e00' <= s <= '\u9fff':  # 中文字符范围
            hz+=1
            print(s, end="\t")
    print("中文字符出现次数是: ",hz)
testfile=open("六只天鹅.txt","r")#打开文本文件
str = testfile.read()#读取文件
hz_count(str)
```

部分输出结果为

从　前　有　一　位　国　王　在　大　森　林　里　狩　猎　他　奋
力　追　赶　一　头　野　兽　随　从　们　却　没　有　能　跟　上
他　天　色　渐　晚　国　王　停

……

中文字符出现次数是:2938

从结果可以知道,文中汉字一共有 2938 个,但是每个汉字出现多少次没有统计出来。循着和实验 1 相同的思路,利用字典的特性来处理每个汉字出现的次数,将单个汉字作为键,而将汉字出现的次数作为值,同时统计出现频率最高的十个汉字,新建文件"cwc-2.py",代码如下:

```
def hz_count(str):
```

```
    hz=0
    worddic={}  #新建一个空字典，用于存放单词和单词出现的次数
    for word in str:
        # 中文字符范围
        if '\u4e00' <= word <= '\u9fff':
            hz+=1

            if word in worddic:
                worddic[word]+=1
            else:
                worddic[word]=1

    print("本文档出现了%d个不同的汉字"%hz,"统计如下：")
    print(sorted(worddic.items(),key=lambda e:e[1],\
        reverse=True))
    print("本文档出现频率最高的十个汉字为：")
    fword=[]
    for wd,fy in worddic.items():
        fword.append((fy,wd))
    fword.sort(reverse=True)  #将列表进行倒序排列
    for wd in fword[:10]:  #取列表中的前十项
        print(wd)
str=open("六只天鹅.txt","r")#打开文本文件
testfile = str.read()#读取文件
hz_count(testfile)
str.close()
```

部分输出结果为：

本文档出现了 2938 个不同的汉字 统计如下：

[('的', 93), ('她', 83), ('了', 79), ('王', 76), ('一', 59), ('国', 50), ('们', 49), ('是', 43), ('不', 42), ('在', 38), ('后', 38), ('他', 38), …,('它', 1), ('饭', 1)]

本文档出现频率最高的十个汉字为：

(93, '的')

(83, '她')

(79, '了')

```
(76, '王')
(59, '一')
(50, '国')
(49, '们')
(43, '是')
(42, '不')
(38, '在')
```

请同学们思考，要将文中没有统计价值的汉字清除，应该如何设计代码？

(3) 完成中文词频统计。

需要注意的是，英文单词和中文词语在分词处理方法上是不一样的，英文单词分词如前所述比较简单，而中文分词相对复杂。要完成中文分词需要使用 jieba 库。jieba 库是一个优秀的中文分词库，它支持繁体分词、自定义词典，可以对文档进行三种模式的分词，分别是：

① 精确模式，试图将句子最精确地切开，适合文本分析；

② 全模式，把句子中所有的可以成词的词语都扫描出来，速度快，但是不能解决歧义；

③ 搜索引擎模式，在精确模式的基础上，对长词再次切分，提高召回率，适合用于搜索引擎分词(注：准确率和召回率是广泛用于信息检索和统计学分类领域的两个度量值，用来评价结果的质量)。

jieba 库中文分词原理在此不再赘述，感兴趣的同学可以自己查阅相关资料。

jieba 库安装：直接使用 pip 安装即可，如 pip install jieba 。

jieba 常用方法说明举例如下：

① jieba.cut(str,cut_all,HMM)。接收三个输入参数，即需要分词的字符串 str、cut_all 参数用来控制是否采用全模式，HMM 参数用来控制是否使用 HMM 模型，返回可迭代的数据模型。

② jieba.lcut(str)。精确模式，返回一个列表类型的分词结果，例如

```
>>> jieba.lcut("中国是一个伟大的国家")
['中国', '是', '一个', '伟大', '的', '国家']
```

③ jieba.lcut(str, cut_all=True)。全模式，返回一个列表类型的分词结果，有冗余，例如

```
>>> jieba.lcut("中国是一个伟大的国家",cut_all=True)
['中国', '国是', '一个', '伟大', '的', '国家']
```

④ jieba.lcut_for_search(str)。搜索引擎模式，返回一个列表类型的分词结果，有冗余，例如

```
>>> jieba.lcut_for_search("中华人民共和国是伟大的") ['中华',
```

'华人', '人民', '共和', '共和国', '中华人民共和国', '是', '伟大', '的']

⑤ jieba.add_word(str)。向分词词典增加新词 str。

根据以上介绍，参考实验 1 的类似思路，设计如下程序代码。

方法 1(创建程序文件名为 "cwc-3.py")：

```python
# 导入扩展库
import jieba    #导入 jieba 分词库
excludes = {}    #排除词语集合
#打开并读取文本内容，作为字符串存在 testfile 变量中
testfile = open("六只天鹅.txt", "r").read()
#利用 jieba 分词库进行中文的精确分词
words = jieba.lcut(testfile)
worddic = {}    #创建一个空字典
for word in words:
    if len(word) == 1:   #避开单个汉字或标点符号的统计
        continue
    if word in worddic:
        worddic[word]+=1
    else:
        worddic[word]=1
for word in excludes:    #删除出现在排除集合中的词
    del(worddic[word])
print("本文档出现频率最高的十个词语为：")
fword=[]
for wd,fy in worddic.items():
    fword.append((fy,wd))
fword.sort(reverse=True)    #将列表进行倒序排列
for i in range(10):    #输出前十个高频中文词语
    count,word  = fword[i]
    print ("{0:<10}{1:>5}".format(word,count))
```

方法 2(创建程序文件名为 "cwc-4.py")：

```python
# 导入扩展库
import jieba # 导入 jieba 分词库
excludes = {}
#打开并读取文本内容，作为字符串存在 txt 变量中
```

```
txt = open("六只天鹅.txt", "r").read()
words = jieba.lcut(txt)   #利用jieba分词库进行中文的精确分词
worddic = {}   #创建一个空字典
for word in words:
    if len(word) == 1:   #避开单个汉字或标点符号的统计
        continue
    else:
        worddic[word] = worddic.get(word,0) + 1


for word in excludes:
    del(worddic[word])
items = list(worddic.items())   #利用list将字典转换为列表
#对列表进行由大到小的降序排序
items.sort(key=lambda x:x[1], reverse=True)
print("本文档出现频率最高的十个词语为：")
for i in range(10):#输出前十个高频中文词语
    word, count = items[i]
print ("{0:<10}{1:>5}".format(word, count))
```
输出结果如下：

本文档出现频率最高的十个词语为：

国王	50
他们	26
王后	24
衬衫	13
天鹅	13
自己	13
森林	12
哥哥	11
孩子	10
姑娘	10

(4) 完成中文词云图的创建输出。

创建程序文件名为"cwc-5.py"，程序代码如下：

```
# 导入扩展库
import numpy as np   # numpy数据处理库
import wordcloud   #词云展示库
```

```
from PIL import Image    #图像处理库
import matplotlib.pyplot as plt    #图像展示库

#此处放置"cwc-3.py"或"cwc-4.py"的程序代码

mask = np.array(Image.open('背景图.jpg'))    #定义词频背景
wc = wordcloud.WordCloud(\
    background_color="white",\    #设置背景颜色
    font_path='C:/Windows/Fonts/simhei.ttf',\    #设置字体格式
    mask=mask,\    #设置背景图
    max_words=200,\    #最多显示词数
    max_font_size=100\    #字体最大值
)

wc.generate_from_frequencies(worddic)    #从字典生成词云
#从背景图建立颜色方案
image_colors = wordcloud.ImageColorGenerator(mask)
#将词云颜色设置为背景图方案
wc.recolor(color_func=image_colors)
plt.imshow(wc)    #显示词云
plt.axis('off')    #关闭坐标轴
plt.show()    #显示图像
```

输出结果如图 10.4 所示。

图 10.4　中文词云图

习　题

1. 统计英文句子"python is an interpreted language"有多少个字母"a"。

2. 统计英文句子"python is an interpreted language"有多少个单词。

3. 给出字符串 str = "aAsmr3idd4bgs7Dlsf9eAF"，完成以下要求：

(1) 请将 str 字符串的数字取出，并输出成一个新的字符串。

(2) 请统计 str 字符串每个字母出现的次数(忽略大小写，a 与 A 是同一个字母)，并按出现次数由高到低的顺序输出成一个字典，如{'a':3,'b':1}。

(3) 请去除 str 字符串多次出现的字母，仅留最先出现的一个，大小写不敏感，如"aAsmr3idd4bgs7Dlsf9eAF"，经过去除后，输出"asmr3id4bg7lf9e"。

4. 统计英文句子 str="python is an interpreted language and an is simply language"中每个单词出现的次数。

5. 统计字符串 str="python 是一门容易学习的计算机程序设计语言"中中文出现的次数。

6. 统计字符串 str="python is an interpreted language 语言 and an is simply 简洁 language!"中各类字符(含英文、数字、空格、中文及特殊字符)出现的次数。

7. 统计字符串 str="python 是一门容易学习的计算机程序设计语言,也是一种胶水语言"中中文词语出现的次数。

8. 从键盘任意输入一个字符串，判定该字符串有无重复字符且统计所有字符出现的次数。

9. 给出双人套餐的价格(鱼香肉丝是 32 元，糖醋鱼是 24 元，麻婆豆腐是 16元，荷包蛋是 8 元)，使用字典编程计算并输出套餐消费总额。

10. 编程统计近 5 年大学英语四六级考试中出现的高频英文单词并创建一个词云。

11. 编程统计自己喜欢的一部中文或英文小说中的高频词并创建一个词云。

第 11 单元　函数和代码复用实验

实验 1　猜 拳 游 戏

1. 实验目的

(1) 掌握 Python 的 random 库、time 库的引用。

(2) 掌握函数的定义及调用。

2. 实验内容

编写一个 Python 程序，实现人机猜拳游戏，赛制为三局两胜。

3. 问题分析和编程指导

(1) 开局后，由计算机先出拳(结果不可见)，待玩家出拳后，再显示双方的出拳结果并判定当局获胜一方，获胜的规则是布赢石头、剪刀赢布、石头赢剪刀，如果双方出的拳一样则是平局。以三局两胜来决定最终胜负。

将双方能出的拳定义为列表 choice_list=['石头','剪刀','布']，获胜规则表示为列表 win_result=[("布","石头"),("剪刀","布"),("石头","剪刀")]。通过调用 random 库的 choice 函数生成一个随机项来模拟计算机的出拳，调用 time 库的 sleep 函数用于控制计算机的出拳速度。

(2) 程序代码如下：

```
import random
import time

choice_list=['石头','剪刀','布']
win_result = [("布","石头"),("剪刀","布"),("石头","剪刀")]
def finger_guess_Game():
    computer_count=0
    player_count=0

    print("猜拳游戏现在开始！")
    while True:
        print("请等待计算机出牌...")
```

```
        time.sleep(1)       #控制计算机的出拳速度
        computer =random.choice(choice_list)
        print("计算机出牌完毕! ")
        player = str(input("请出拳(石头 剪刀 布): \n").\
                strip())
        time.sleep(1)
        print("请等待判定! ")
        time.sleep(1)
        if player in choice_list:
            print("您输入的是: ",player)
            time.sleep(1)
            print("计算机输入的是: ",computer)
            if player == computer:
                print("平局!")
            elif (player,computer) in win_result:
                print("您赢了! ")
                player_count +=1
                if player_count == 2:
                    print("玩家最终胜出, 游戏结束! ")
                    break
            else:
                print("您输了")
                computer_count += 1
                if computer_count == 2:
                    print("计算机最终胜出, 游戏结束! ")
                    break
        else:
            print("您的输入无效! 请重新输入! ")
if __name__ == '__main__':
    finger_guess_Game()
```

实验 2　存 钱 计 划

1. 实验目的

(1) 掌握 Python 的 math 库、datetime 库的引用。

(2) 掌握函数的定义及调用。

2. 实验内容

某大学生给自己制订了一个存钱计划，首先设定第一周存入的金额，以后的每周存入额都在上周存入基础上递增一个固定数额，用 Python 编写函数，计算并列出每周存款及 n 周后的累计金额。

3. 问题分析和编程指导

(1) 解决此题的关键在于累计求和，计算出每周存款金额以及 n 周后的累计存款金额，用 desposit_list 列表记录每周存款金额，并通过调用 append 函数将新一周的存款追加记录到之前的列表里。

(2) 程序代码如下：

```python
import math
from datetime import datetime


# 计算 n 周内的存款金额

def n_weeks_desposit(week_desposit,increase_money,total_\
week):
    desposit_list = []          # 记录每周存款金额的列表
    for i in range(total_week):
        desposit_list.append(week_desposit)
        #对列表里的每周存款金额进行求和
        saving = math.fsum(desposit_list)
        print('第{}周，存入{}元，账户累计{}元'.format(i + 1,\
            week_desposit, saving))
        week_desposit += increase_money
    return desposit_list


def main():
    now=datetime.now()
    print("今天是{0:%Y}年{0:%m}月{0:%d}日，从现在开始\
攒钱！".format(now))
    week_desposit = float(input('请输入第一周存入的金额:'))
    increase_money = float(input('请输入每周递增的金额：'))
```

```
total_week = int(input('请输入总周数：'))

desposit_list = n_weeks_desposit(week_desposit,\
increase_money,total_week)
```

```
if __name__ == '__main__':
    main()
```

实验 3　汉诺塔问题

1. 实验目的

(1) 掌握递归函数的使用方法。
(2) 学会应用递归函数解决汉诺塔问题。

2. 实验内容

汉诺塔问题源于印度一个古老传说。大梵天创造世界的时候做了三根金刚石柱子，在一根柱子上从下往上按照大小顺序摞着 64 片黄金圆盘。大梵天命令婆罗门把圆盘从下面开始按大小顺序重新摆放在另一根柱子上。并且规定，在小圆盘上不能放大圆盘，在三根柱子之间一次只能移动一个圆盘。

图 11.1 给出了汉诺塔的模型，三根柱子分别由 A、B、C 表示。请采用递归算法，利用 Python 编写一个函数来解决这个问题，要求根据汉诺塔层数(n)输出移动的步骤。

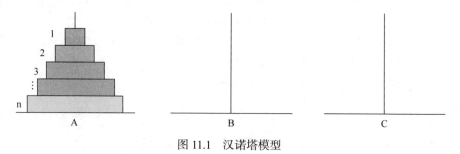

图 11.1　汉诺塔模型

3. 问题分析和编程指导

(1) 对圆盘进行编号，从上至下，序号由小到大。
① 若 n=1，则将 1 号盘从 A 移到 C 即可，移动步骤如下：

步骤	圆盘编号	源石柱	目标石柱
第 1 次	1	A	C

② 当 n=2 时，移动步骤如下：

步骤	圆盘编号	源石柱	目标石柱
第 1 次	1	A	B
第 2 次	2	A	C
第 3 次	1	B	C

③ 当 n=3 时，移动步骤如下：

步骤	圆盘编号	源石柱	目标石柱
第 1 次	1	A	C
第 2 次	2	A	B
第 3 次	1	C	B
第 4 次	3	A	C
第 5 次	1	B	A
第 6 次	2	B	C
第 7 次	1	A	C

据以上分析，再结合递归思想，可以将 A 柱上的盘子分为两部分：上面的盘子(n–1 个)和最底下的这个盘子(第 n 个)，整个过程总结为三步：

① 把 n–1 个盘子由 A 移到 B。

② 把第 n 个盘子(最底下)由 A 移到 C。

③ 把 n–1 个盘子由 B 移到 C。

(2) 程序代码如下：

```python
def hanoi(n, A, B, C):
    if n == 1:
        print(A, '—>', C)
    else:
        hanoi(n-1, A, C, B)
        print(A, '—>', C)
```

```
        hanoi(n-1, B, A, C)
num = eval(input('请输入汉诺塔的层数：'))
hanoi(num, 'A', 'B', 'C')
```

习   题

一、选择题

1. 哪个选项对于函数的定义是错误的？（   ）

A. def func(a,b=0): B. def func(a,*b):

C. def func(a,b): D. def func(*a,b):

2. 关于 return 语句，以下选项描述正确的是（   ）。

A. 函数可以没有 return 语句

B. 函数中最多只有一个 return 语句

C. 函数必须有一个 return 语句

D. return 只能返回一个值

3. 关于 Python 的 lambda 函数，以下选项中描述错误的是（   ）。

A. lambda 函数将函数名作为函数结果返回

B. f = lambda x,y:x+y 执行后，f 的类型为数字类型

C. lambda 用于定义简单的、能够在一行内表示的函数

D. 可以使用 lambda 函数定义列表的排序原则

4. 以下关于递归函数基例的说法错误的是（   ）。

A. 递归函数的基例不再进行递归

B. 每个递归函数都只能有一个基例

C. 递归函数的基例决定递归的深度

D. 递归函数必须有基例

二、编程题

1. 编写一个函数，打印出 100 以内的所有素数，以空格分隔。

2. 请用递归函数来计算 1+2+3+4+…+n。

3. 编写函数对输入的字符串进行判断，如果这个字符串属于整数、浮点数或者复数的表示，则返回 True，否则返回 False。

第 12 单元 文件操作实验

实验 1 文本文件的操作

1. 实验目的

(1) 掌握文件的创建、打开和关闭等基本操作。
(2) 掌握文件的读写方法。
(3) 学会使用文件的基本命令解决一些实际问题。

2. 实验内容

现有一个素材文件"snowplum.txt"，内容是宋朝卢梅坡的诗"雪梅"，如图 12.1(a)所示，该文件中没有作者的信息，请编写一个程序，创建一个"outsnoeplue.txt"文件，把"snowplum.txt"的内容写到"outsnoeplue.txt"文件中，并把作者的信息"宋.卢梅坡"添加到"outsnoeplue.txt"文件的第二行，最后打印输出完整的"outsnoeplue.txt"文件的内容，如图 12.1(b)所示。

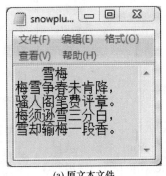
(a) 原文本文件

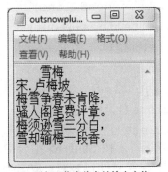
(b) 添加了作者信息的输出文件

图 12.1 原文本文件和添加了作者信息的输出文件

3. 实验步骤及操作指导

(1) 启动 IDLE：单击"开始"按钮，在"搜索"文本框中输入"idle"，然后按回车键。
(2) 新建 Python 文件：在 IDLE 交互界面中选择 File→New File。
(3) 分析编程思路。程序思路如下：

① 以只读方式打开“snowplum.txt”文本文件。
② 创建一个“outsnoeplue.txt”文件，可读可写。
③ 初始化要添加的列表变量。
④ 把“snowplum.txt”文件中读出的第一行内容添加到列表变量。
⑤ 添加作者的信息“宋.卢梅坡”到列表变量。
⑥ 把“snowplum.txt”文件中剩下的行的内容添加到列表变量。
⑦ 把列表内容写入“outsnoeplue.txt”文件中。
⑧ 移动“outsnoeplue.txt”文件中的读写指针，使其指向文件开头。
⑨ 输出完整的“outsnoeplue.txt”文件中的内容。
⑩ 关闭“snowplum.txt”文件和“outsnoeplue.txt”文件。

(4) 录入 Python 文件代码。在 IDLE 程序界面中输入如下代码：

```
fin=open("snowplum.txt","r")
fout=open("outsnowplum.txt","w+")
lsout=[]
line1=fin.readline()
lsout.append(line1)
addls = "宋.卢梅坡\n"
lsout.append(addls)
for line in fin.readlines():
    lsout.append(line)
fout.writelines(lsout)
fout.seek(0)
for line in fout:
    print(line)
fin.close()
fout.close()
```

(5) 保存运行。按 Shift+F5 组合键或在 Run 菜单下选择 Run Module，保存文件到 D 盘，取名为“textfile.py”，并运行调试。

```
雪梅
宋.卢梅坡
梅雪争春未肯降，
骚人阁笔费评章。
梅须逊雪三分白，
雪却输梅一段香。
```

图 12.2　程序运行结果(实验 1)

程序运行结果如图 12.2 所示。

实验 2　CSV 文件的操作

1. 实验目的

(1) 熟悉 Python 的 CSV 标准库的基本操作方法。

(2) 掌握 CSV 文件的读写方法。

(3) 学会使用 CSV 标准库的基本操作解决一些实际问题。

2. 实验内容

现有一个素材文件"student.csv"，内容是理论教材创建好的部分学生信息，如图 12.3(a)所示。该文件中没有表头信息，请编写一个程序：创建一个"outstudent.csv"文件，把"student.csv"的内容写到"outstudent.csv"文件中，并把表头信息"学号，姓名，性别，年龄"添加到"outstudent.csv"文件的第一行，把对应的信息添加到"outstudent.csv"文件的第二行，最后打印输出完整的"outstudent.csv"文件的内容，如图 12.3(b)所示。

 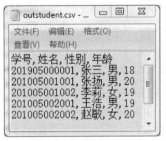

(a) 原文本文件　　　　　　(b) 添加了表头信息的输出文件

图 12.3　原文本文件和添加了表头信息的输出文件

要求：用上下文管理器"with...as..."来打开和关闭文件。

3. 实验步骤及操作指导

(1) 启动 IDLE：单击"开始"按钮，在"搜索"文本框中输入"idle"，然后按回车键。

(2) 新建 Python 文件：在 IDLE 交互界面中选择 File→New File。

(3) 分析编程思路：

① 用上下文管理器"with...as..."以只读方式打开"student.csv"文件。

② 读出"student.csv"文件中的所有内容，保存在一个列表里。

③ 用上下文管理器"with...as..."创建一个"outstudent.csv"文件，可读可写。

④ 添加表头信息"学号，姓名，性别，年龄"到"outstudent.csv"文件中。

⑤ 添加相应的"学号，姓名，性别，年龄"信息到"outstudent.csv"文件中。

⑥ 把前面保存在列表里的内容添加到"outstudent.csv"文件中。

⑦ 移动"outstudent.csv"文件中的读写指针，使其指向文件开头。

⑧ 输出完整的"outstudent.csv"文件中的内容。

(4) 录入 Python 文件代码：在 IDLE 程序界面中输入如下代码：

```
from csv import *
with open("student.csv",'r',newline='') as cfin:
    rd=reader(cfin)
    lsin=[]
    for row in rd:
        lsin.append(row)
with open("outstudent.csv","w+",newline="") as cfout:
    wr=writer(cfout)
    wr.writerow(["学号","姓名","性别","年龄"])
    wr.writerow(["201905000001","张三","男",18])
    wr.writerows(lsin)
    cfout.seek(0)
    rd=reader(cfout)
    for row in rd:
        print(row)
```

(5) 保存运行。按 Shift+F5 组合键或在 Run 菜单下选择 Run Module，将文件保存在 D 盘，取名为"csvfile.py"，并运行调试。

程序运行结果如图 12.4 所示。

```
['学号', '姓名', '性别', '年龄']
['201905000001', '张三', '男', '18']
['201005001001', '张扬', '男', '20']
['201005001002', '李莉', '女', '19']
['201005002001', '王浩', '男', '19']
['201005002002', '赵敏', '女', '20']
['201005002003', '杨柳', '女', '18']
>>>
```

图 12.4 程序运行结果(实验 2)

实验 3 Excel 电子表格文件操作

1. 实验目的

(1) 熟悉 openpyxl 第三方库的基本操作方法。
(2) 掌握使用 openpyxl 建立和维护 Excel 电子表格文件的一般方法。
(3) 学会使用 openpyxl 的基本操作解决一个实际问题。

2. 实验内容

用 openpyxl 第三方库创建一个 Excel 电子表格文件，其第一张工作表中存放九九乘法表的乘积结果，如图 12.5 所示，并输出九九乘法表。

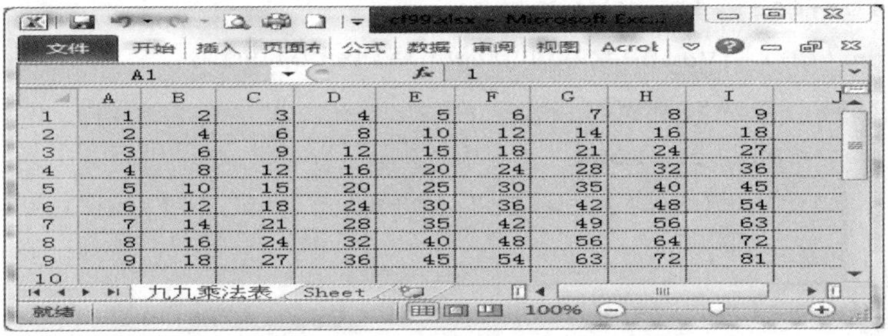

图 12.5　生成的 "cf99.xlsx" 的结果

3. 实验步骤及操作指导

(1) 安装 openpyxl 第三方库(若该第三方库已安装，可省略本步骤)。

① 确保计算机已经联网。

② 单击 "开始" 按钮，在 "搜索" 文本框中输入 "cmd"，然后按回车键。

③ 在 cmd 程序界面中的命令提示符后输入 "pip install openpyxl,"然后按回车键。

④ 安装成功后，关闭 cmd 程序界面。

(2) 启动 IDLE：单击 "开始" 按钮，在 "搜索" 文本框中输入 "idle"，然后按回车键。

(3) 新建 Python 文件：在 IDLE 交互界面中选择 File→New File。

(4) 分析编程思路：

① 调入 openpyxl 模块。

② 创建一个空的 Excel 工作簿文件。

③ 在该工作簿中创建名为 "九九乘法表" 的工作表，设为第一张工作表。

④ 在 "九九乘法表" 工作表中 A1:I9 单元格区域中输入九九乘法表的乘积。

⑤ 输出完整的九九乘法表。

⑥ 保存工作簿文件，取名为 "cf99.xlsx"。

⑦ 将该 Python 文件保存，取名为 "excelfile.py"。

(5) 录入 Python 文件代码如下：

```
from openpyxl import *
wb=Workbook()
wb.create_sheet(index=0,title="九九乘法表")
ws=wb.active
cells = ws["A1":"I9"]
```

```
for row in ws.rows:
    for cell in row:
        cell.value=cell.row*cell.column
for row in ws.rows:
    for cell in row:
        print(cell.row,"*",cell.column,'=',cell.value,\
        end=",")
    print()
wb.save('cf99.xlsx')
```

(6) 保存运行：按 Shift+F5 组合键或在 Run 菜单下选择 Run Module，将文件保存在 D 盘，取名为 "excelfile.py"，并运行调试。

程序运行结果如图 12.6 所示。

```
1 * 1 = 1, 1 * 2 = 2, 1 * 3 = 3, 1 * 4 = 4, 1 * 5 = 5, 1 * 6 = 6, 1 * 7 = 7, 1 * 8 = 8, 1 * 9 = 9,
2 * 1 = 2, 2 * 2 = 4, 2 * 3 = 6, 2 * 4 = 8, 2 * 5 = 10, 2 * 6 = 12, 2 * 7 = 14, 2 * 8 = 16, 2 * 9 = 18,
3 * 1 = 3, 3 * 2 = 6, 3 * 3 = 9, 3 * 4 = 12, 3 * 5 = 15, 3 * 6 = 18, 3 * 7 = 21, 3 * 8 = 24, 3 * 9 = 27,
4 * 1 = 4, 4 * 2 = 8, 4 * 3 = 12, 4 * 4 = 16, 4 * 5 = 20, 4 * 6 = 24, 4 * 7 = 28, 4 * 8 = 32, 4 * 9 = 36,
5 * 1 = 5, 5 * 2 = 10, 5 * 3 = 15, 5 * 4 = 20, 5 * 5 = 25, 5 * 6 = 30, 5 * 7 = 35, 5 * 8 = 40, 5 * 9 = 45,
6 * 1 = 6, 6 * 2 = 12, 6 * 3 = 18, 6 * 4 = 24, 6 * 5 = 30, 6 * 6 = 36, 6 * 7 = 42, 6 * 8 = 48, 6 * 9 = 54,
7 * 1 = 7, 7 * 2 = 14, 7 * 3 = 21, 7 * 4 = 28, 7 * 5 = 35, 7 * 6 = 42, 7 * 7 = 49, 7 * 8 = 56, 7 * 9 = 63,
8 * 1 = 8, 8 * 2 = 16, 8 * 3 = 24, 8 * 4 = 32, 8 * 5 = 40, 8 * 6 = 48, 8 * 7 = 56, 8 * 8 = 64, 8 * 9 = 72,
9 * 1 = 9, 9 * 2 = 18, 9 * 3 = 27, 9 * 4 = 36, 9 * 5 = 45, 9 * 6 = 54, 9 * 7 = 63, 9 * 8 = 72, 9 * 9 = 81,
>>>
```

图 12.6　程序运行结果(实验 3)

实验 4　图像文件的操作

1. 实验目的

(1) 熟悉 PIL 第三方库的有关内容。

(2) 掌握使用 Image 子库建立和处理图像文件的一般方法。

(3) 学会使用 Image 子库的基本操作解决一些实际问题。

2. 实验内容

现有一个素材文件 "lotus.png"，如图 12.7(a)所示。请编写一个程序，用 PIL 第三方库的 Image 子库处理该图像文件，在复制出的图像对象上，裁剪出图中的荷花，并把该裁剪内容进行上下翻转、左右翻转、旋转 180 度等各项操作，把上述各个图像结果粘贴到一个新建的背景为绿色的、大小为 1300 像素×1000 像素的 "outlotus.jpg" 图像文件中，使其美观即可，最后保存 "outlotus.jpg" 图像文件，如图 12.7(b)所示。

(a) 原荷花图　　　　　　　　　　　(b) 输出的荷花图

图 12.7　原荷花图及输出的荷花图

3. 实验步骤及操作指导

(1) 安装 PIL 第三方库(若该第三方库已安装, 可省略本步骤)。

① 确保计算机已经联网。

② 单击 "开始" 按钮, 在 "搜索" 文本框中输入 "cmd", 然后按回车键。

③ 在 cmd 程序界面中的命令提示符后输入 "pip install pillow", 然后按回车键。

④ 安装成功后, 关闭 cmd 程序界面。

(2) 启动 IDLE: 单击 "开始" 按钮, 在 "搜索" 文本框中输入 "idle", 然后按回车键。

(3) 新建 Python 文件: 在 IDLE 交互界面中选择 File→New File。

(4) 分析编程思路:

① 调入 PIL 模块的 Image 子模块。

② 打开图像文件 "lotus.png", 复制出一个副本。

③ 裁剪出图中的荷花。

④ 上下翻转裁剪对象。

⑤ 左右翻转裁剪对象。

⑥ 旋转裁剪对象 180 度。

⑦ 创建一个空的图像文件, 背景为绿色, 大小为 1300×1000。

⑧ 把上面处理好的对象逐一粘贴到新建的图像文件中的不同位置。

⑨ 保存图像文件, 取名为 "outlotus.jpg"。

⑩ 将该 Python 文件保存, 取名为 "Imagefile.py"。

(5) 录入 Python 文件代码如下:

```
from PIL import Image
```

```
imin=Image.open("lotus.png")
imincopy=imin.copy()
cr=imincopy.crop((280,560,880,1010))
tr=cr.transpose(Image.FLIP_TOP_BOTTOM)
tr2=cr.transpose(Image.FLIP_LEFT_RIGHT)
ro=cr.rotate(180)
imout=Image.new("RGB",(1300,1000),(0,255,0))
imout.paste(cr,(50,50))
imout.paste(tr,(50,500))
imout.paste(tr2,(650,50))
imout.paste(ro,(650,500))
imout.show()
imout.save("outlotus.jpg","JPEG")
```

(6) 保存运行：按 Shift+F5 组合键或在 Run 菜单下选择 Run Module，将文件保存在 D 盘，取名为 "Imagefile.py"，并运行调试。

实验 5　打包实验 3 的程序

1. 实验目的

(1) 熟悉 pyinstaller 第三方库的有关内容。

(2) 掌握使用 pyinstaller 库打包文件的方法。

(3) 学会使用 pyinstaller 库的基本操作解决一些实际问题。

2. 实验内容

把实验 3 创建的程序 "excelfile.py" 打包。

3. 实验步骤及操作指导

(1) 把实验 3 创建的程序 "excelfile.py" 复制到 "D:\pyfile\" 目录下。

(2) 安装 pyinstaller 第三方库(若该第三方库已安装，可省略本步骤)。

(3) 启动命令行程序：单击 "开始" 按钮，在 "搜索" 文本框中输入 "cmd"，然后按回车键。

(4) 在命令行程序界面中的命令提示符后输入：

① >cd\　　然后按回车键。

② >d:\　　然后按回车键。

运行以上两个命令是为了把当前目录转换到 D 盘下，以便后面方便查看打包好的文件。

(5) 在 cmd 程序界面中的命令提示符后输入"pyinstaller d:\pyfile\excelfile.py"，然后按回车键。

(6) 运行完成后，打开 D 盘，可以看到新创建了两个文件夹"build"和"dist"，打开"dist"文件夹，就发现其中有一个"excelfile.exe"文件。

(7) 双击运行"excelfile.exe"文件，其效果和在 IDLE 程序界面里运行的"excelfile.py"是一样的。

习　　题

一、判断题(正确在括号内打√，错误在括号内打×)

1. Python 中用来处理文件的对象称为文件对象。(　　)

2. 创建文件对象要使用 open 函数，这是 Python 的内置函数之一。(　　)

3. 文件名是磁盘上(或其他存储介质,如 U 盘)存储文件时使用的名字。Python 中处理文件时要使用文件对象,文件对象名与磁盘上的文件名不必相同。(　　)

4. 程序完成文件的读写后，应当关闭文件。(　　)

5. 如果以追加模式打开一个文件，并在文件中写入内容，你写入的信息会增加(追加)到文件末尾。(　　)

6. 如果以"w"写模式打开一个文件，然后在文件中写入内容，文件中原来的所有内容都会丢失，替换为新的数据。(　　)

7. 要重置为从文件起始位置开始读写，可以使用 seek 方法，并传入参数 0，如 myFile.seek(0)。(　　)

8. 绝对路径是从根目录开始的。(　　)

9. 以 CSV 格式存储的文件称为 CSV 文件，以"csv"为扩展名，其文件内容是以用字符分隔的纯文本形式存储的表格数据(数字和文本)。(　　)

10. 对 CSV 文件进行操作，可以使用 Python 提供的标准库 csv，用 import 导入。(　　)

二、填空题

1. 相对路径相对于＿＿＿＿＿＿。

2. 在"C:\bath\add\text.txt"中，＿＿＿＿＿＿是目录名，＿＿＿＿＿＿是文件名。

3. 实现在写入时换行,应在被写入字符串后面需要换行的位置加上＿＿＿＿＿＿。

4. 可以传递给 open 函数的"模式"参数有＿＿＿＿＿＿。

5. read 和 readlines 方法之间的区别是：

read 方法是_____，readlines 方法是_____。

6. 如果已有的文件以 "w" 写模式打开，会_____。

7. 打开图像文件函数_____实现打开名为 "tuxiang.png" 图像文件并返回一个 Image 对象。

8. RGBA 值是指_____。

9. 对 Image 对象修改后，保存它为图像文件的是_____方法。

10. 得到一个 Image 图像对象的宽度和高度的是_____属性。

三、简答题

对于以下问题，设想你有一个 Workbook 对象保存在变量 wb 中，一个 Worksheet 对象保存在 ws 中，一个 Cell 对象保存在 cell 中。

1. openpyxl.load_workbook 函数返回什么？

2. get_sheet_names 方法返回什么？

3. 如何取得名为 Sheet1 的工作表的 Worksheet 对象？

4. 如何取得工作簿的活动工作表的 Worksheet 对象？

5. 如何取得单元格 C3 中的值？

6. 如何将单元格 C3 中的值设置为 "Hello"？

7. 如何取得表示单元格的行和列的整数？

8. 工作表方法 get_max_column 和 get_max_row 返回什么？这些返回值的类型是什么？

9. 如何取得从 A1 到 F1 的所有 Cell 对象的元组？

10. 如何将工作簿保存到文件名 "data.xlsx"？

第 13 单元　科学计算及可视化实验

实 验　科 学 计 算

1. 实验目的

(1) 掌握方程和方程组的求解，以及微积分的计算。

(2) 掌握函数图形的绘制。

2. 实验内容

(1) 对一元二次方程进行求解。

(2) 对方程组进行求解。

(3) 对线性规划方程组进行求解。

(4) 计算高阶导数。

(5) 计算定积分。

(6) 计算微分方程。

(7) 绘制函数图形。

3. 实验步骤及操作指导

(1) 对一元二次方程进行求解。

现利用 Python 编程对 $x^2+2x+1=0$、$2x^2+2x+2=0$ 和 $x^2+3x+1=0$ 分别进行求解。

设计思路：首先，要明确所输入的 a、b、c 这三个变量只能为数字，且 a 不等于 0；其次，要判别该方程是否有实根；最后，利用求根公式进行求解。

编写代码如下：

```
import math
def quad(a,b,c):
    if not (isinstance(a,(int,float)) and isinstance(b,\
(int,float)) and isinstance(c,(int,float))):
        raise TypeError('a,b,c 只能为数字，且 a 不等于 0')
    if a==0:
        return '输入有误！请重新输入'
    else:
```

```
        d=b*b-4*a*c
        if d<0:
            return '无实根'
        elif d==0:
            x=-b/(2*a)
            return x
        else:
            x1=(-b+math.sqrt(d))/(2*a)
            x2=(-b-math.sqrt(d))/(2*a)
            return x1,x2
print(quad(1,2,1))
print(quad(2,2,2))
print(quad(1,3,1))
```

运行结果如下：

```
-1.0
```

无实根

```
(-0.3819660112501051, -2.618033988749895)
```

(2) 对方程组进行求解。

现对以下方程组进行 Python 编程求解。

$$\begin{cases} x+y+z=0 \\ 9x+3y+z=1 \\ 4x+2y+z=2 \end{cases}$$

设计思路：首先，将方程组等号左边的数字构建成为一个矩阵；其次，将方程组等号右边的数字构建成为一个数组；最后，利用 np.linalg.solve(A,b)函数进行求解。如果需要，还可以代入原方程组进行验算。

编写代码如下：

```
import numpy as np
A=np.mat("1 1 1;9 3 1;4 2 1")
print ("A=\n",A)
b=np.array([0,1,2])
print ("b=\n",b)
x=np.linalg.solve(A,b)
print ("该方程组的解为：",x)
print ("将所得到的解代入原方程组，则验算结果为：\n",\
np.dot(A,x))
```

运行结果如下：

A=

 [[1 1 1]

 [9 3 1]

 [4 2 1]]

b=

 [0 1 2]

该方程组的解为：　[-1.5　6.5　-5.]

将所得到的解代入原方程组，则验算结果为：

 [[-8.8817842e-16　1.0000000e+00　2.0000000e+00]]

(3) 对线性规划方程组进行求解。

现对下列线性规划问题进行 Python 编程求解。

$$\min\ z = 2x_1 + 3x_2 + x_3$$

$$\text{s.t.}\begin{cases} x_1 + 4x_2 + 2x_3 \geqslant 8 \\ 3x_1 + 2x_2 \geqslant 6 \\ x_1, x_2, x_3 \geqslant 0 \end{cases}$$

设计思路：与方程组的求解相比，这里需要再添加一个目标函数的数组。同时，所使用的求解函数与方程组求解函数不同，这里使用 optimize.linprog(c,A,b) 函数进行求解。

编写代码如下：

```
from scipy import optimize
import numpy as np
c = np.array([2,3,1])   #目标函数的 c
A = np.array([[-1,-4,-2],[-3,-2,0]])   #不等式约束条件 A 和 b
b = np.array([-8,-6])
res = optimize.linprog(c,A,b)   #求解
print(res)
```

运行结果如下：

```
    con: array([], dtype=float64)
    fun: 7.0
message: 'Optimization terminated successfully.'
    nit: 2
  slack: array([0., 0.])
 status: 0
success: True
```

```
      x: array([0.8, 1.8, 0. ])
```

(4) 计算高阶导数。

现利用 Python 编程对 y=3x⁴ 进行一阶、二阶、三阶、四阶和五阶的求导计算。

设计思路：首先，对自变量 x 进行符号化处理；其次，通过 diff(y,x,m) 函数进行 m 阶求导。

编写代码如下：

```
from sympy import *
import math
x=symbols("x")    #对自变量 x 进行符号化处理
y=3*(x**4)
dify1 = diff(y,x,1)   #进行一阶求导
dify2 = diff(y,x,2)   #进行二阶求导
dify3 = diff(y,x,3)   #进行三阶求导
dify4 = diff(y,x,4)   #进行四阶求导
dify5 = diff(y,x,5)   #进行五阶求导
print(dify1)    #输出各自的高阶导数
print(dify2)
print(dify3)
print(dify4)
print(dify5)
```

运行结果如下：

```
12*x**3
36*x**2
72*x
72
0
```

(5)计算定积分。

现利用 Python 编程对 $\int_0^1 e^{\sqrt{x}} dx$ 进行求解计算。

设计思路：首先，对自变量 x 进行符号化处理；其次，通过 integrate(y,(x,a,b)) 函数进行计算。

编写代码如下：

```
from sympy import *
x=symbols('x')
y=exp(sqrt(x))
```

```
print(integrate(y,(x,0,1)))
```

运行结果如下：

```
2
```

(6) 计算微分方程。

现利用 Python 求微分方程 $yy'' - y'^2 = 0$ 的通解，其数学计算过程为：设 $y' = p$ ，

则 $y'' = p\dfrac{dp}{dy}$ ，原方程可以化为 $yp\dfrac{dp}{dy} - p^2 = 0$ ，约掉 p ，进行分离变量，移项，得

$\dfrac{dp}{p} = \dfrac{dy}{y}$ 。两端同时进行积分，得 $\ln|p| = \ln|y| + C$ ，则 $p = \pm e^C y = C_2 y$ ，再次分离

变量、移项，两端同时进行积分，得 $y = \pm e^{C'} e^{C_2 x} = C_1 e^{C_2 x}$ 。

应用 Python 编程，则编写代码如下：

```
import sympy as sy
x=sy.symbols('x')   #约定变量
f=sy.Function('f')   #约定函数
def differential_equation(x,f):
    return f(x)*sy.diff(f(x),x,2)-(sy.diff(f(x),x,1))**2
#定义微分方程 y*y''-y'**2=0
sy.pprint(sy.dsolve(differential_equation(x,f),f(x)))
#输出求解结果
```

运行结果如下：

```
         C2*x
f(x)=C1*e
```

即 $y = C_1 e^{C_2 x}$ 。

(7) 绘制函数图形。

题 1：试应用 Python 绘制 $f(x) = \sin(2\pi x)e^{-x} + 0.5$ 的图形，并添加注释，同时

对 $\displaystyle\int_{1.5}^{4.5} f(x)dx$ 的积分区域进行阴影部分填充。

编写代码如下：

```
import matplotlib
import matplotlib.pyplot as plt
import numpy as np

matplotlib.rcParams['font.family']='SimHei'
matplotlib.rcParams['font.sans-serif']=['SimHei']
```

```
x=np.linspace(0.0,6.0,100)
y=np.sin(2*np.pi*x)*np.exp(-x)+0.5

plt.plot(x,y,'k',label="$f(x)$",color="red",linewidth=\
3,linestyle="-")

a=1.45
plt.annotate('$\sin(2\pi x)\exp(-x)+0.5$',\
            xy=(a,np.sin(2*np.pi*a)*np.exp(-1*a)+0.5),\
            xytext=(2.5,1.1),fontsize=10,\
          arrowprops=dict(arrowstyle='->',connectionstyle="\
arc3,rad=.5"))

m=1.5
n=4.5
xx=(x>m)&(x<n)
plt.fill_between(x,y,0,where=xx,facecolor='grey',\
alpha=0.75)
plt.text(0.5*(m+n),0.15, "$\int_a^b f(x) \mathrm{d}x$",\
        horizontalalignment='center')

plt.xlim(0,5)
plt.ylim(0,1.5)
plt.xticks([np.pi/3,  2*np.pi/3,  1*np.pi,  4*np.pi/3,\
5*np.pi/3],['$\pi/3$','$2\pi/3$','$\pi$','$4\pi/3$',\
'$5\pi/3$'])
plt.legend()
plt.xlabel('x轴')
plt.ylabel('y轴')
plt.title("绘制函数图形")
plt.grid(True)
plt.show()
```

运行结果如图 13.1 所示。

题 2: 已知三维空间四个点的坐标分别为(1,3,2)、(3,4,6)、(2,4,1)和(5,3,1),试应用 Python 分别绘制出这四个点的空间散点图、空间折线图和空间折面图。

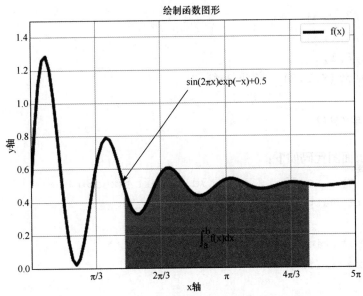

图 13.1　绘制函数图形结果

空间散点图代码如下：

```
from mpl_toolkits.mplot3d import Axes3D
import matplotlib.pyplot as plt

fig=plt.figure()    #创建三维画布
ax=Axes3D(fig)

X=[1,3,2,5]
Y=[3,4,4,3]
Z=[2,6,1,1]
ax.scatter(X,Y,Z)    #空间散点图

plt.show()
```

空间折线图代码如下：

```
from mpl_toolkits.mplot3d import Axes3D
import matplotlib.pyplot as plt

fig=plt.figure()    #创建三维画布
ax=Axes3D(fig)
```

```
X=[1,3,2,5]
Y=[3,4,4,3]
Z=[2,6,1,1]
ax.plot(X,Y,Z)    #空间折线图

plt.show()
```

空间折面图代码如下:

```
from mpl_toolkits.mplot3d import Axes3D
import matplotlib.pyplot as plt

fig=plt.figure()    #创建三维画布
ax=Axes3D(fig)

X=[1,3,2,5]
Y=[3,4,4,3]
Z=[2,6,1,1]
ax.plot_trisurf(X,Y,Z)    #空间折面图

plt.show()
```

运行结果如图 13.2 所示。

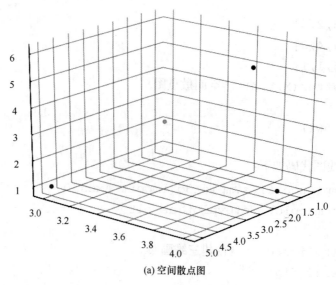

(a) 空间散点图

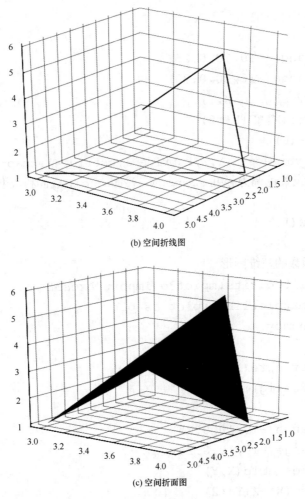

(b) 空间折线图

(c) 空间折面图

图 13.2　绘制空间散点图、空间折线图和空间折面图

题 3：试应用 Python 分别绘制出 $\begin{cases} r=\sqrt{x^2+y^2} \\ z=\cos(r) \end{cases}$ 和 $\begin{cases} r=\sqrt{x^2+y^2} \\ z=\sin(r) \end{cases}$ 的三维图形，

比较它们的异同，并依次用彩虹色、冷暖色和灰色进行渲染。代码如下：

```
#第一个函数的三维图形
from mpl_toolkits.mplot3d import Axes3D
import matplotlib.pyplot as plt
import numpy as np

fig=plt.figure()
```

```
ax=Axes3D(fig)

X=np.arange(-10,10,0.25)
Y=np.arange(-10,10,0.25)
X,Y=np.meshgrid(X,Y)
R=np.sqrt(X**2+Y**2)
Z=np.cos(R)
ax.plot_surface(X,Y,Z,rstride=1,cstride=1,cmap='rainbow')
#cmap 可设置色调为彩虹 rainbow、冷暖 coolwarm 和灰度 gray

plt.show()

#第二个函数的三维图形
from mpl_toolkits.mplot3d import Axes3D
import matplotlib.pyplot as plt
import numpy as np

fig=plt.figure()
ax=Axes3D(fig)

X=np.arange(-10,10,0.25)
Y=np.arange(-10,10,0.25)
X,Y=np.meshgrid(X,Y)
R=np.sqrt(X**2+Y**2)
Z=np.sin(R)
ax.plot_surface(X,Y,Z,rstride=1,cstride=1,cmap='rainbow')

plt.show()
```

运行结果如图 13.3 所示。

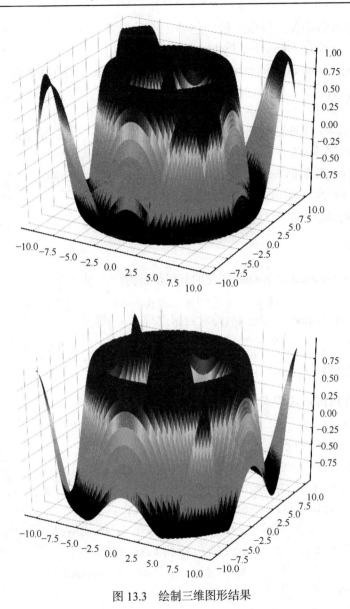

图 13.3　绘制三维图形结果

习　　题

一、**判断题**(正确在括号内打√，错误在括号内打×)

1. 科学计算具有无损伤性。(　　)

2. 科学计算不能进行全过程、全时空诊断。(　　)

3. numon 库是 Numerical Python 的简称。(　　)

4. numpy.random.rand(m,n)函数能创建一个 m 行 n 列的有序数组。(　　)

二、填空题

1. 进行科学计算，主要包括建立数学_____、建立求解的计算方法和计算机实现三个阶段。

2. numpy 库为 Python 带来了真正的_____数组功能。

3. numpy.indices((m,n))函数能创建一个 m 行 n 列的_____。

4. pyplot.figure()函数能创建一个_____的画布。

三、选择题

1. numpy.arange(x,y,n)函数创建的数组步长为(　　)。

A. x　　　　　　　　B. y　　　　　　　　C. n　　　　　　　　D. n–1

2. numpy.linspace(x,y,n)函数是对数据进行(　　)等分。

A. n–1　　　　　　　B. n　　　　　　　　C. n+1　　　　　　　D. x

四、编程填空题

1. 试用 Python 编程求出 $2x^2-3x+1=0$ 的根。

```
import math
def quadratic(a,b,c):
    if not isinstance(a,(int,float)):
        raise TypeError('a is not a number')
    if not isinstance(b,(int,float)):
        raise TypeError('b is not a number')
    if not isinstance(c,(int,float)):
        raise TypeError('c is not a number')
    d=b*b-_____①_____
    if _____②_____ :
        if b==0:
            if c==0:
                return '方程根为全体实数'
            else:
                return '方程无根'
        else:
```

```
                x1=-c/b
                x2=x1
                return x1,x2
        else:
            if _____③_____ :
                return '方程无根'
            else:
                x1 = (-b + math. ____④____ (d))/(2*a)
                x2 = (-b - math. ____⑤____ (d))/(2*a)
                return x1,x2
print(quadratic(2,-3,1))
```
运行结果如下:

```
(1.0, 0.5)
```

2. 试用 Python 编程对以下方程组进行求解:

$$\begin{cases} 2x + 4y + 3z = 9 \\ 3x - 2y + 5z = 11 \\ 5x - 6y + 7z = 13 \end{cases}$$

编写代码如下:

```
import numpy as _____①_____
A=np. _____②_____ ("2 4 3;3 -2 5;5 -6 7")
print ("A=\n",A)
b=np._____③_____ ([9,11,13])
print ("b=\n",b)
x=np._____④_____.solve(_____⑤_____, _____⑥_____)
print ("该方程组的解为: ",x)
```
运行结果如下:

```
A=
 [[ 2  4  3]
 [ 3 -2  5]
 [ 5 -6  7]]
b=
 [ 9 11 13]
该方程组的解为: [-1.   0.5  3. ]
```

五、编程题

1. 试用 Python 分别求解出 $2x^2+3x+1=0$ 和 $x^2+3x-4=0$ 的根。

2. 试用 Python 对以下方程组进行求解：

$$\begin{cases} x+y+z=10 \\ 2x+3y+4z=33 \\ 3x+5y+7z=56 \end{cases}$$

3. 试用 Python 分别求解出 $\int \sin^3(x)dx$ 和 $\int_0^{\frac{1}{2}} \arcsin(x)dx$ 的值。

4. 试用 Python 绘制出 $y=\dfrac{x}{1+x^2}$ 的图形。

部分习题参考答案

第 1 单元(略)

第 2 单元

答案:

一、选择题

1. B　2. C　3. C　4. D　5. D

6. A　7. C　8. C　9. D　10. B

11. D　12. B

二、填空题(略)

第 7 单元(略)

第 8 单元

一、填空题

1. 顺序　2. break　3. 缩进　4. 异常处理　5. 正确

6. 无限　7. break　8. PYHON　9. PY　10. 50

二、单选题

1. B　2. B　3. D　4. D　5. A

6. A　7. D　8. A　9. A　10. A

第 9 单元

一、判断题

1. √　2. ×　3. ×　4. √　5. ×　6. ×　7. ×　8. ×　9. √　10. ×

二、填空题

1. 11　2. 6561　3. 1　4. 整型　5. 逻辑

6. 复数.real　7. 复数.imag　8. True　9. [:]　10. 0　−1

三、选择题

1. A　2. A　3. C　4. A　5. A

6. B　7. C　8. C　9. B　10. B

11. D　12. B　13. C　14. A　15. B

第 10 单元

部分编程题参考答案

1. 程序代码如下:

```
str1="python is an interpreted language"
```

```
print(str1.count("a"))
```

2. 程序代码如下:

```
str1="python is an interpreted language"
words=str1.split()
print(len(words))
```

3. 程序代码如下:

```
str = "aAsmr3idd4bgs7Dlsf9eAF"
def fun1_2(x):  #1&2
    x = x.lower()  #大小写转换
    num = []
    dic = {}
    for i in x:
        #判断如果为数字,请将a字符串的数字取出,并输出一个新的字符串
        if i.isdigit():
            num.append(i)
        #统计字符串中每个字母的出现次数(忽视大小写),并输出一个字典
        else:
            if i in dic:
                continue
            else:
                dic[i] = x.count(i)
    new = ''.join(num)
    print ("the new numbers string is: " ,new)
    print ("the dictionary is: %s" % sorted(dic.items(),\
    key=lambda e:e[1],reverse=True))
fun1_2(str)
def fun3(x):
    x = x.lower()
    new3 = []
    for i in x:
        if i in new3:
            continue
        else:
```

```
            new3.append(i)
        print ('`'.join(new3))
    fun3(str)
```

4. 程序代码如下：

```
str="python is an interpreted language and an is simply
language"
str = str.lower()
words = str.split()
counts = {}
for word in words:
    counts[word] = counts.get(word,0) + 1
items = list(counts.items())
items.sort(key=lambda x:x[1], reverse=True)
#不排序输出
print("不排序输出")
for key in counts.keys():
    print ("{0:<12}{1:>6}".format(key, counts[key]))

#排序输出
j=0
print("")
print("排序输出")
while j<len(items):
    word, count = items[j]
    print ("{0:<12}{1:>6}".format(word, count))
    j+=1
```

5. 程序代码如下：

```
def hz_count(str):
    hz=0
    for s in str:
        # 中文字符范围
        if '\u4e00' <= s <= '\u9fff':
            hz+=1
```

```
        #print(s, end="\t")
    print("中文字符出现次数是： ",hz)
str="python 是一门容易学习的计算机程序设计语言"
hz_count(str)
```

6. 程序代码如下：

```
def str_count(str):
    #找出字符串中的中英文、空格、数字、标点符号个数
    count_en = count_dg = count_sp = count_zh = count_pu = 0

    for s in str:
        # 英文
        if "a"<=s<="z" or "A"<=s<="Z":
            count_en += 1
        # 数字
        elif s.isdigit():
            count_dg += 1
        # 空格
        elif s.isspace():
            count_sp += 1
        # 中文
        elif s.isalpha():
            count_zh += 1
        # 特殊字符
        else:
            count_pu += 1
    print('英文字符： ', count_en)
    print('数字：     ', count_dg)
    print('空格：     ', count_sp)
    print('中文：     ', count_zh)
    print('特殊字符： ', count_pu)

str="python is an interpreted language 语言 and an is simply 简洁 language!"
str_count(str)
```

7. 程序代码如下：

```python
# 导入扩展库
import jieba # jieba 分词

str="python是一门容易学习的计算机程序设计语言，也是一种胶水语言"
words = jieba.lcut(str)
counts = {}
for word in words:
    if len(word) == 1:
        continue
    else:
        counts[word] = counts.get(word,0) + 1

items = list(counts.items())
items.sort(key=lambda x:x[1], reverse=True)

#不排序输出
print("不排序输出")
for key in counts.keys():
    print ("{0:<8}{1:>6}".format(key, counts[key]))


#排序输出
j=0
print("")
print("排序输出")
while j<len(items):
    word, count = items[j]
    print ("{0:<8}{1:>6}".format(word, count))
    j+=1
```

8. 程序代码如下：

```python
str=input("请输入一个字符串：")
if len(str)!=len(set(str)):
        print("字符串有重复字符!")
```

```
else:
        print("字符串没有重复字符!")
```

```
b = set(str)
for each_b in b:
    count = 0
    for each_a in str:
        if each_b == each_a:
            count += 1
    print(each_b, ": ", count)
```

9. 程序代码如下：

```
dictMenu = {'鱼香肉丝':32,'糖醋鱼':24,'麻婆豆腐':16,\
'荷包蛋':8}
sum = 0
for i in dictMenu.values():
    sum += i
print("套餐价格是: ",sum)
```

10. 程序代码(略)

11. 程序代码(略)

第 11 单元

一、选择题

1. D　2. A　3. B　4. B

二、编程题

1. 程序代码如下：

```
def  sushu(n) :
    Is = ['1','2']
    a = eval(n)
    if a == 1 :
        print("1 以内的素数是: 1")
    elif a == 2 :
        print("2 以内的素数是: 1 2")
    else :
        for num in range(3,a+1) :
```

```
        for i in range(2, num) :
            if num % i == 0 :
                    break
            else :
                    Is.append(str(num)) m = " ".join(Is)
                    print("{}以内的素数是: {}".format(n,m))

def main() :
    a = input("请输入一个整数以确定素数范围: ")
    sushu(a)
main()
```

2. 程序代码如下:

```
def sum(n):
    if n == 1:
        return 1
    else:
        return sum(n-1) + n
```

3. 程序代码如下:

```
def isPrime(mun) :
    while True :
        try :
            if  type(eval(mun)) != type(123) :
                mun = input("输入有误, 请输入一个整数: ")
            else :
                break
        except :
            mun = input("输入有误, 请输入一个整数")
    n = eval(mun)
    if n == 1 :
        return True
    for i in range(2 , n) :
        if n % i == 0 :
            return False
```

```
            break
    else :
        return True

def main() :
    i = input("请输入一个整数：")
    print(isPrime(i)) main()

main()
```

第 12 单元

一、判断题

1. √　2. √　3. √　4. √　5. √
6. √　7. √　8. √　9. √　10. √

二、填空题

1. 当前工作目录(当前程序文件的路径)。

2. C:\bath\add；text.txt。

3. "\n"。

4. "w" "r" "a" "x" "d" "b" "+"。

5. 读入整个文件内容，将文件的全部内容作为一个字符串返回；返回一个字符串列表，其中每个字符串是文件内容中的一行。

6. 覆盖原文件的所有内容。

7. Image.open('tuxiang.png')

8. 红、绿、蓝和透明度值。

9. save( )。

10. size。

三、简答题

1. openpyxl.load_workbook 函数返回一个 Workbook 对象。

2. get_sheet_names 方法返回一个 Worksheet 对象。

3. 调用 wb.get_sheet_by_name('Sheet1')。

4. 调用 wb.get_active_sheet()。

5. ws['C3'].value 或 ws.cell(row=3, column=3).value。

6. ws['C3']= 'Hello'或 ws.cell(row=3, column=3).value = 'Hello'。

7. cell.row 和 cell.column。

8. 它们分别返回表中最大列和最大行的整数值。

9. ws['A1':'F1']

10. wb.save('data.xlsx')

第 13 单元

一、判断题

1. √　2. ×　3. ×　4. ×

二、填空题

1. 模型　2. 多维　3. 矩阵　4. 空白

三、选择题

1. C　2. B

四、编程填空题

1. ① 4*a*c;　② a==0;　③ d<0;　④ sqrt;　⑤ sqrt

2. ① np;　② mat;　③ array;　④ linalg;　⑤ A;　⑥ b

五、编程题

1. 程序代码如下：

```
import math
def quadratic(a,b,c):
  if a == 0:
    raise TypeError('a 不能为 0')
  if not isinstance(a,(int,float)) or not isinstance(b,
(int,float)) or not isinstance(c,(int,float)):
    raise TypeError('Bad operand type')
  delta = math.pow(b,2) - 4*a*c
  if delta < 0:
    return '无实根'
  x1= (math.sqrt(delta)-b)/(2*a)
  x2=-(math.sqrt(delta)+b)/(2*a)
  return x1,x2
print(quadratic(2,3,1))
print(quadratic(1,3,-4))
```

程序运行结果如下：

```
(-0.5, -1.0)
(1.0, -4.0)
```

2. 程序代码如下：

```
import numpy as np
A=np.mat("1 1 1;2 3 4;3 5 7")
print ("A=\n",A)
b=np.array([10,33,56])
print ("b=\n",b)
x=np.linalg.solve(A,b)
print ("该方程组的解为: ",x)
```

程序运行结果如下:

```
A=
 [[1 1 1]
 [2 3 4]
 [3 5 7]]
b=
 [10 33 56]
```
该方程组的解为: [5. -3. 8.]

3. 程序代码如下:

```
from sympy import *
x=symbols('x')
y1=sin(x)**3
print(integrate(y1,x),"+C")
y2=asin(x)
print(integrate(y2,(x,0,0.5)))
```

程序运行结果如下:

```
cos(x)**3/3 - cos(x) +C
0.127824791583588
```

4. 程序代码如下:

```
import matplotlib,math
import matplotlib.pyplot as plt
import numpy as np

x = np.linspace(-4,4,100)
```

```
#创建一个从-4到4的100个等分数据的数组
plt.xlim(-3,3)        #确定x轴范围

plt.plot(x,x/(1+x**2))          #绘制函数图形
plt.legend(['y=x/(1+x^2)'])    #指定当前图形的图例

myfont=matplotlib.font_manager.FontProperties(fname='C:\
Windows\Fonts\simkai.ttf')    #设置字体
plt.xlabel('x轴',fontproperties=myfont)    #添加x轴的名称
plt.ylabel('y轴',fontproperties=myfont)    #添加y轴的名称

plt.show()    #显示图形
```
运行结果如下图所示。

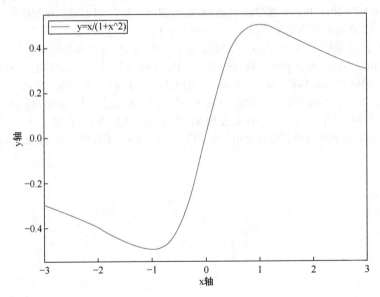

主要参考文献

蔡永铭. 2019. Python 程序设计基础. 北京: 人民邮电出版社

韩家炜, 范明. 2012. 数据挖掘: 概念与技术. 北京: 机械工业出版社

黄红梅, 张良均. 2018. Python 数据分析与应用. 北京: 人民邮电出版社

蒋加伏, 孟爱国. 2017. 大学计算机: 互联网+. 4 版. 北京: 北京邮电大学出版社

蒋加伏, 沈岳. 2017. 大学计算机. 5 版. 北京: 北京邮电大学出版社

刘宇宙. 2017. Python 3.5 从零开始. 北京: 清华大学出版社

明日科技. 2018. Python 从入门到精通. 北京: 清华大学出版社

齐伟. 2016. 跟老齐学 Python: 从入门到精通. 北京: 电子工业出版社

全国计算机等级考试研究中心. 2018. 全国计算机等级考试考点详解与上机考试题库(二级): MS
    Office 高级应用. 北京: 人民邮电出版社

嵩天, 礼欣, 黄天羽. 2017. Python 语言程序设计基础. 2 版. 北京: 高等教育出版社

同济大学数学系. 2014. 高等数学(上册). 7 版. 北京: 高等教育出版社

夏敏捷, 张西广. 2018. Python 程序设计应用教程(微课版). 北京: 中国铁道出版社

张若愚. 2012. Python 科学计算. 北京: 清华大学出版社

Briggs J R. 2015. 趣学 Python: 教孩子学编程. 尹哲, 译. 北京: 人民邮电出版社

Chun W. 2016. Python 核心编程. 3 版. 孙波翔, 李斌, 李晗, 译. 北京: 人民邮电出版社

Matthes E. 2016. Python 编程: 从入门到实践. 袁国忠, 译. 北京: 人民邮电出版社

Mitchell R. 2016. Python 网络数据采集. 陶俊杰, 陈小莉, 译. 北京: 人民邮电出版社

Shaw Z A. 2014. "笨办法"学 Python. 王巍巍, 译. 北京: 人民邮电出版社

Sweigart A. 2016. Python 编程快速上手: 让繁琐工作自动化. 王海鹏, 译. 北京: 人民邮电出
    版社